스토리텔링 BIM

BIM(Building Information Modeling)이란 컴퓨터 하드웨어와 소프트웨어를 십분 활용하여 다양한 분야의 참여자들 간 협업을 기반으로 공간, 에너지, 디자인 등 여러 가지 측면에서 설계안을 최적화하고 시공에 앞서 가상공간에서 리스크를 확인하고 해소함으로써 최적화된 시공 프로세스를 구현하며, 유지관리단계 동안 에너지, 비용, 관리 등 다양한 측면에서 시설물 활용을 최적화하는 것에 목적을 둔 개념이다.

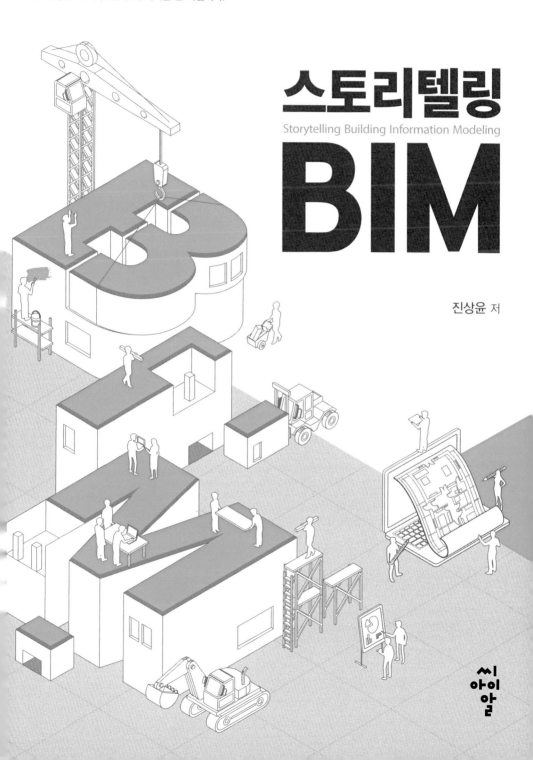

스토리텔링

Storytelling Building Information Modeling

BIM

진상윤 저

씨아이알

지금의 나를 만들어준 아내에게 이 책을 바칩니다.

들어가는 글

이 책은 건설산업 관련 재직자, BIM 도입을 추진하는 발주자, 관련 정책 입안자 그리고 BIM을 공부하고자 하는 대학원생을 위한 전문 교양 도서이다. 딱딱한 전공 서적이 아니라, 쉽고 편하게 읽고 BIM에 자신 있게 한걸음 다가서도록 돕겠다는 목적으로 저술하였다. 재미있고 생생하게 전달한다는 의미에서 '스토리텔링 Storytelling'이라는 단어를 제목에 붙였다.

이 책을 내는 데 도움을 준 많은 사람에게 감사하기에 앞서 이 책을 읽는 분들이 내가 이 책을 쓰게 된 배경과 경험에도 관심이 있으리라 생각해서 그 부분에 대해 이야기하고자 한다.

나의 배경과 경험

나는 멋진 건축사가 되고 싶어 한양대학교 건축학과에 입학하였다. 하지만 곧 건축설계에 별 소질이 없음을 알아챘다. 다행히 건축설계 외에도 많은 분야가 있었기에 건축 관련 일을 계속할 수 있겠다 싶었다. 그때부터 건축 분야에서 무엇으로 먹고 살 것인가에 대해 꾸준히 고민했다.

대학교 2학년 말 우연한 기회에 친구로부터 컴퓨터 프로그래밍하는 것을 실제로 배웠다. 대학교 1학년 때 배웠던 컴퓨터 프로그래밍은 모니터와 키보드를 이용하지 않고 펀치카드를 이용하였기 때문에, 그 즉시 프로그램 결과물이 나오는 컴퓨터를 보고 반하지 않을 수 없었다.

그때부터 나는 이 컴퓨터를 가지고 건축 관련 산업에서 뭔가 해보고 싶었다. 대학교 3학년 때 수치해석을 강의하셨던 한양대학교 이병해 교수님께서는 나에게 'Total System'이라는 개념에 대해 말씀해주셨다. 그것은 이후 CIC Computer Integrated Construction가 되었고 2000년대에 들어서는 BIM Building Information Modeling이 되었다.

이 개념은 나에게 큰 동기부여가 되었고 컴퓨터 프로그래밍은 물론 건축 분야 컴퓨터기술의 응용에 관심을 갖게 되었다. 그것을 계기로 1988년 한양대학교 건축(공)학과 졸업설계에 최초로 3D CAD를 활용하였다.

다행히도 그때 졸업설계는 3인 1팀제로 진행되어 설계를 잘하는 내 친구가-그 친구는 멋진 건축가가 되었다-설계를 맡고, 나는 3D CAD를 응용하여 각종 설계 검토와 Walk-Through 등을 수행하였다. 마치 요즘 BIM 외주 용역사들이 BIM을 하듯이 말이다. 하지만 그 친구와 나는 한 팀으로 학교에 상주하면서 3D CAD를 이용한 설계를 진행했기 때문에 현재로 따지면 건축가와 BIM 전문가가 한 조직으로 설계안을 개발한 것이었다. 우리는 3차원 설계안으로 교수님들로부터 좋은 평가를 받아서 교내외적으로도 우수한 성과를 낼 수 있었다.

그 이후로도 나는 컴퓨터와 건축의 통합에 관심이 많았고, 이 분야에 소질이 있다고 확신을 하게 되었다. 그래서 구조 분야에서 컴퓨터 활용이라는 전통적인 방식보다는 건설 프로세스에서 컴퓨터 응용에 관심을 가지고 더 공부하기 위하여 다니던 대학원을 그만두고 미국 유학을 결심하게 되었다.

1991년 8월에 토목공학 분야의 최고 대학인 미국 일리노이Illinois 주의 어바나-샴페인Urbana-Champaign 대학에 입학하였다. 정신없는 첫 학기를 보내고 나에게 큰 행운과 기회가 찾아왔다. 샴페인시에 설립된 미육군 건설기술연구소CERL, US Army Construction Engineering Research Laboratories에서 일리노이 재학생 중 컴퓨터와 건설관리를 연구할 수 있는 연구원을 찾고 있었던 것이다.

나는 이미 대학 때 얼리어답터early adopter로서 CAD는 물론 FORTRAN이나 PASCAL, C 등 컴퓨터 프로그래밍 언어에도 익숙했고-나는 정보처리기사 자격증도 있다-그런 배경 때문에 CERL의 연구원으로 선발되어 등록금 면제와 생활비 제공의 혜택을 받아 유학생활 동안 가난했지만 배는 안 곯고 지낼 수 있었다.

1993년부터는 CERL에서 Construction CADD라는 프로젝트에 참여하게 되었다. 이것은 지금 현재의 BIM과 동시공학Concurrent Engineering이라는 개념을 가지고 BIM 기반의 협업 프로세스를 구축하는 연구였으며, Stanford, Carnegie Mellon, MIT 등 유수의 대학들이 공동으로 참여하는 초대형 연구과제였다.

나는 CERL에서 3차원 CAD 모델을 이용한 Walk Through나 4D Simulation 등 각종 시뮬레이션을 수행하였고, Object-Oriented 모델링과 데이터베이스를 바탕으로 3차원 객체와 공정 그리고 비용을 통합관리할 수 있는 모델과 시스템을 구축하는 연구에 참여하게 되었다. 나의 BIM 관련 연구 중 최초이자 매우 소중한 성과였으며, 이것은 ASCE American Society of Civil Engineers의 Journal of Computing in Civil Engineering에 게재되었을 뿐만 아니라 수많은 학술대회에서 발표하는 경험도 얻을 수 있었다.

또 하나의 행운은 1993년에 나의 지도교수인 Liang Y. Liu 교수를 만나게 된 것이다. Liu 교수는 Construction CADD 프로젝트 외에도 DHH Digital Hard Hat라고 지금의 4차 산업혁명 기술에 버금가는 신기술 적용에 초점을 둔 프로젝트를 수행하게 되었는데, 내가 시스템 설계와 개발에 참여하게 된 것이다. 이후 나는 원래 의도와는 다르게 박사과정에 입학하게 되었다.

DHH는 Tablet PC, Wireless Network, Web Camera 등을 이용하여 현장 상황이나 시공상 문제점 및 각종 이슈를 멀티미디어(이미지, 동영상, 음성) 형식으로 실시간 또는 빠른 시간 내 공유하고 의사결정을 지원하는 것에 목적을 두고 개발되었다. 나는 DHH에 대한 프로그램 설계와 개발(C^{++})의 실무 책임을 맡았다.

그 당시 DHH는 국제적으로도 많은 관심을 받고 있었다. 1998년 교수로 임용된 나는 DHH와 건설정보관리 분야를 기반으로 국내 기업체에서 많은 세미나를 통해 실무 적용을 추진했지만 안타깝게도 실패했다. 장비 비용에 대한 부담, 기존 방식으로부터의 탈피에 대한 부담감, 현장 정보의 투명화에 대한 두려움 등이 도입에서 장애 요인으로 작용했다. 기술 자체가 문제가 된 것은 아니었다. 기술에 대한 투자, 프로세스로 융화, 실무자의 현장 정보 투명화에 대한 두려움이 문제였다.

그런데 재미있는 것은 지금은 DHH를 스마트폰에서 쉽게 수행할 수 있다는 것이다. 사진을 찍고 그 위에 마킹을 하고, 영상통화를 통해 현장상황을 실시간 보여주고 협의도 하고 이것들이 PMIS Project Management Information System와 연계되어 저장관리까지 가능해진 것이다. 기술이 성숙화되고 도입 비용이 저렴해졌으며, 관리 프로세스에 융화될 정도로 실무자들도 정보화가 된 것이다. 문제를 가리는 것보다 즉시 정보를 공유하고 해결책을 모색하여 능동적으로 대처하는 방향으로 인식이 바뀐 것이라 판단된다.

이는 사실 BIM에서도 비슷한 현상을 보인다. 아직 BIM과 관련된 기술은 다양하지만, 국내 건설산업에서는 실무 프로세스에 융화되지 못하고 있다. 실무자들은 BIM 도입에 대한 거부감과 두려움으로 주변에서 맴돌고 있는 상황이다.

기술, 프로세스, 사람, 이 세 가지가 BIM의 도입에서 중요한 요인이고 핵심 전략 포인트이다. 나는 이 주제를 가지고 BIM을 설명하고 있고 마지막 장에 더욱 구체적으로 도입 전략을 기술하였다.

2002년 우연한 기회에 나는 (주)두올테크 최철호 대표이사 겸 의장님을 알게 되었다. 건설기업의 한 실무자가 나와 이 분이 협업을 하면 좋은 결과가 있을 프로젝트가 있다고 소개한 것이 계기가 되었다. 그것을 계기로 (주)두올테크와 삼성 서초 본사 사옥 프로젝트에 RFID와 BIM을 적용하여 철골, 커튼월 등 Long-lead item의 공급사슬망을 관리를 할 수 있는 정보 시스템을 세계 최초로 개발하여 실제 현장에 적용하였고, 그것을 인정받아 미국 FIATECH으로부터 2008년 건설기술혁신상CETI Award을 받았다. 또한 이 내용은 ASCE의 Journal of Computing in Civil Engineering에 게재되었고, 더 나아가 미국의 ENR Engineering News Record지에 커버스토리로 소개되기까지 하였다.

위의 RFID와 BIM 기반의 건설자재 공급사슬망 관리 시스템은 스마트 건설이나 Off-Site Construction에서 추진하는 바와 일맥상통하고 있다. 설계, 제작, 출하, 입고, 설치 과정이 BIM을 통해 계획되고 그 진행상황을 BIM을 통해 가시화하고 관리할 수 있기 때문이다. 하지만 이것도 쉽게 우리 건설산업 실무에 적용되지는 못하고 있다.

사실 자재를 공급하는 업체와의 정보 연계 그리고 건설자재에

RFID나 QR 코드 등 자재 인식 태그를 부착하는 과정이 자재 공급 업체 관점에서는 추가작업이고 자신들이 하고 있는 프로세스와 제대로 융화되지 못하고 있기 때문이다. 역시 또 프로세스와 사람이 걸림돌인 것이다.

(주)두올테크와 18년간 수행한 산학협력 덕분에 나의 연구 성과와 경험은 학술적으로만 존재하지 않고 실무에도 적용할 수 있게 되었다. 수많은 산학협동연구를 통해 성공과 실패 사례, 또 건설 실무자와 IT 개발자들의 인식과 생각을 모두 접해볼 수 있었기 때문이다. 앞에서도 언급했지만 기술이 문제가 아니라 프로세스와 사람이 문제였다. 특히 새로운 개념이 적용될수록 심하다. 기술뿐 아니라 다양한 관점에서 도입 전략이 필요한 이유이기도 하다.

2006년 나는 두올테크 최철호 의장, 한양대학교 김재준 교수, 성균관대학교 이광명 교수 그리고 중앙대학교 심창수 교수 등과 함께 '가상건설연구단'이라는 대형 연구과제를 국토교통부로부터 수주하게 되었는데, 그것이 우리나라 BIM 확산의 첫 번째 단추가 되었다.

이후 가상건설연구단 참여인력들이 중심이 되어 2010년 10월 '한국BIM학회'를 창립하였다. 한양대 부총장을 지내신 김수삼 교수님이 초대회장으로 추대된 이후, 아주대 신동우 교수님, 한양대 김재준 교수님에 이어 나는 2017년부터 2018년까지 2년간 한국 BIM학회 회장을 역임하였다. BIM 학회장으로서 많은 세미나와 학술행사를 주관하면서 여러 이해당사자의 입장에서 BIM에 대한 이해, 장애 요인, 추진 방향 등을 토론하고 고민할 기회를 가질 수 있었다.

2013년 1월부터 2015년 3월까지는 한국토지주택공사 진주 신사옥 신축공사에서 BIM 수행 자문 교수로 활동했다. 나는 한두 달에 한 번씩은 진주에 내려가서 BIM팀의 수행사항을 모니터링하고, 주간공정회의에도 옵저버Observer로 참석하여 프로젝트 참여자들이 BIM을 통해 어떻게 문제점을 해결해가는지 볼 수 있었으며, 전문건설사 또는 자재공급업체 등의 실무자들과도 BIM에 대한 효과와 한계에 대해서 토론하고 분석하였다.

진주 신사옥 BIM 수행은 나에게 시공 BIM의 중요성과 근본 목적에 대해서 다시 생각할 계기를 제공해주었다. 또한 설계 BIM으로 주로 끝나버리는 그 당시 상황이 얼마나 어리석은 일인가를 확인할 수 있었다. 왜냐하면 수많은 문제 파악과 해결이 전문건설사가 참여하는 시공단계에서 발생하였고 BIM은 이들에게 정확한 시공계획, 샵드로잉 개발 그리고 문제해결에 큰 도움을 준다는 것이 명백하게 드러났기 때문이다.

또한 나는 이 과정에서 시공 BIM의 가치를 정량화하여 분석하였다. 이 결과는 국내외적으로도 큰 관심을 이끌어서 2015년에는 미국 BIM Forum에 초대되어 진주 신사옥 사례와 가치 분석에 대하여 발표하였으며, 그 구체적인 내용은 ASCE의 Journal of Management in Engineering에도 게재되었다.

그 밖에 대형 프로젝트와 공동주택, 주상복합건물 지하주차창 등 다양한 규모의 프로젝트에서 BIM 실무에 참여했는데, 이는 내 연구실 대학원생들뿐만 아니라 나 자신에게도 소중한 실무경험이 되었다.

2020년 현재 나는 빌딩스마트협회가 주관하고 있는 국토교통부의 BIM 연구단에서 'BIM 기반 실시설계도서 효율혁신 기술 개발' 세세부과제의 책임자로 연구 활동을 하고 있다. 나는 그동안의 BIM 관련 실무와 자문 참여를 통해 실시설계단계가 설계와 시공단계에서 BIM 활용의 연속성을 확보하기 위해 가장 중요한 단계임을 명확하게 알 수 있었다. 실시설계단계 성과물인 BIM 데이터와 설계도서 간 정합성이 확보되지 않으면 시공단계에서의 BIM 수행은 헛껍데기에 지나지 않기 때문이다.

나는 이 연구를 통해 기존 BIM 지침의 한계를 분석하고 인허가 또는 실시설계 성과물 제출 기준에서 요구하는 사항을 BIM 객체의 표현 상세와 정보 상세로 통합하거나 연계시키고자 하는 작업을 하고 있다. 이를 통해 BIM과 2D 설계도면 작성이라는 이중작업을 제거하고 설계도서 작성과정의 합리화는 물론 BIM 데이터 중심으로 성과물이 활용될 수 있는 환경을 만들고자 한다.

나는 대학교수로 연구자일 뿐만 아니라 교육자이기도 하다. 1999년부터 대학 외에도 여러 기관에서 건설산업 분야 재직자를 대상으로 BIM은 물론 여러 가지 건설정보화 사례와 동향을 이해시키고 건설산업의 정보화 또는 스마트화에 능동적으로 대응할 수 있는 소양을 갖도록 하는 것을 목적으로 강의를 해왔다.

건설기술교육원과 한국건설기술관리협회에서 '건설사업정보관리'와 'BIM 이해와 활용'이라는 제목으로 약 20여 년간 강의했다. 사실 정보화 강의는 계속해서 기술과 사례가 진화하기 때문에 지속적으로 강의자료를 수정하고 보완해야 하는 매우 까다로운 과목이다. 하지만 이 강의를 통해서 재직자들이 정보화 또는 BIM에 관해 느끼는 것을 들을 수 있었고, 때로는 새로운 사례에 대한 정보를 얻을 수 있었으며, 이는 연구와 교육에서 나에게도 좋은 피드백이었다.

나는 재직자 대상의 교육을 통해 많은 실무자가 관심은 있지만 교육기회나 적정한 교육이 별로 없어서 BIM에 더 다가가지 못하고 있음을 느낄 수 있었다. 발주기관, 건축설계, CM, 엔지니어링, 시공사 등 많은 분이 강의 후에 더 많은 자료와 실습, 추가 정보를 문의했지만 바로 알려드릴 수 있는 자원도 별로 없었다. 그래서 나는 2019년 한국건설기술인협회 산하 한국건설인정책연구원과 상호협약을 체결하고 BIM 전문 실습과정을 개발하여, 짧지만 실습과 이론을 겸한 BIM 관리자형 교육을 제공하고 있다.

아내의 동기부여

나는 거의 30여 년간 이 분야에서 연구와 교육을 해왔음에도 단독 저서를 갖지 못했다. 핑계를 대자면 현재 공대 교수에게 저서는 실적에 거의 반영되지 않는다. SCI Science Citation Index에 등재된 유명국제학술지에 논문을 게재하지 못하면 교수로서 생존할 수도 없는 시대이다. 사실 그렇다고 내가 남들보다 국제학술지 논문이 많은 것도 아니다. 사람 만나는 것도 좋아하고 여러 가지 일을 하다 보니 책 쓸 기회가 없었다.

그런데 얼마 전 아내가 당신은 교수생활을 22년 이상 하면서 단독 저서가 한 권도 없냐며 핀잔을 주기에 곰곰이 생각해봤다. 그리고 깨달았다. 내가 그동안 강의하면서 정리한 자료, 논문, 기고문, 경험 그리고 실무자들과 대화를 통해 느낀 점을 쉽게 풀어서 BIM을 잘 모르는 분들에게 도움을 줄 때가 왔다는 것을. 그러고는 다음 날 새벽부터 일어나서 목차를 정리하고 자료를 정리하기 시작했다. 그리고 이 결심이 작심삼일이 되지 않도록 출판사 사장님과 약속도 잡고, 주변 사람들에게 일부러 요즘 내가 책을 쓰고 있다고 알렸다.

아내는 일생 동안 나에게 많은 동기부여를 해주었다. 대학교 3학년 때 소개팅으로 만나 지금까지 33년을 함께했다. 나의 조그만 성취에도 아내는 격려와 축하를 아끼지 않았고, "칭찬은 고래도 춤추게 한다."라는 말처럼 지금의 나를 만들어주었다. 사실 대학 때까지도 내가 교수가 될 것이라고 예측한 사람은 아무도 없었다. 심지어 내 부모님들조차도. 그냥 좋아하는 일들을 해왔고 아내가 칭찬해줬고 그래서 신이 나서 하다 보니 이렇게 되었다. 고마워 마누라!

감사의 글

본 저서의 많은 자료는 (주)두올테크의 협조를 받았거나 그들과의 협업을 통해 나온 것임을 밝히며, 이를 공유하도록 수락해주신 최철호 의장님께 깊은 감사의 말씀을 드린다.

본 저서는 국토교통부와 국토교통과학기술진흥원의 도시건축 연구사업[과제번호 20AUDP-B127891-04]의 결과물 중 일부를 포함하고 있다.

마지막으로 이 책의 내용에 포함된 연구를 같이 수행하고 내용 검토를 도와준 연구실 제자들에게도 함께해주어 보람되고 행복하다고 그리고 고맙다는 말을 전한다.

2020년 5월

진상윤

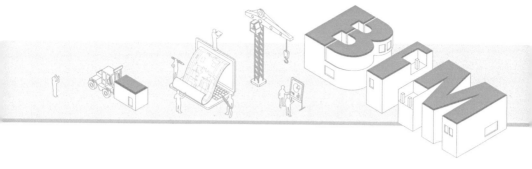

CONTETNS

들어가는 글 v

| CHAPTER 01 |
| **BIM이란?** |

01 BIM 역사 살펴보기   **3**
BIM 개념은 오래전부터 있었다   3
하이프사이클(Hype Cycle)을 통해서 본 BIM   6
공공사업에서 BIM   7
해외 BIM 추진 현황   8

02 BIM과 CAD의 차이   **11**
2D CAD   12
3D CAD   13
BIM   15
2D 도면에서 BIM이 아니라 BIM에서 2D 도면을 추출하는 것이다   19

03 BIM 정의   **23**
BIM의 세 가지 정의   23
BIM 무엇이 좋은가?   26

CHAPTER 02
생애주기 동안 BIM 활용 분야

01 설계단계 BIM   **33**

공간 모델(Space Model)을 이용한 실/구역별 면적 검토   34

BIM 기반 친환경 분석   37

구조 BIM   40

MEP BIM   42

여러 사람이 같이 하는 BIM 설계 협업   44

간섭 체크 및 설계 조정   46

4D BIM을 이용한 공정계획 및 관리   49

공정과 견적이 포함된 5D BIM   52

5D BIM의 함정을 주의하라   54

BIM 모델 구축 방법에 따른 물량 차이   58

02 시공단계 BIM   **61**

시공단계 BIM 활용의 근본적인 목적   61

BIM Room 협업   64

BIM 시공도를 통한 실시설계 BIM 완성도 및 적정성 검토   66

가설 및 시공계획 활용   68

4D BIM과 안전관리 연계   68

BIM과 디지털 레이아웃(Digital Layout)   70

03 유지관리단계 BIM   **73**

COBie   76

04 개방형 BIM 표준   **79**

다양한 분야의 BIM Software   79

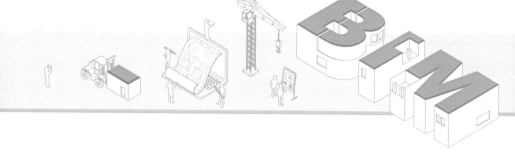

개방형 BIM 표준 IFC   81

무료로 BIM을 볼 수 있는 IFC Viewer   83

샘플 BIM 데이터를 얻을 수 있는 IFC 저장소(Repository)   84

CHAPTER 03

BIM 비즈니스 & 케이스

01 건축설계와 BIM   **89**

생존을 위한 BIM(BIM for Survival)   89

BIM 도입상 어려운 점   93

BIM 전환설계   94

BIM과 도면화   95

도면화를 위한 템플릿과 라이브러리   96

BIM 도면화 과정의 양면성   98

BIM 설계 프로세스 효과   101

02 비정형 건축물과 BIM   **105**

월트 디즈니 콘서트홀   106

비정형 건축물 외피 시스템 구조와 지지 형식   109

동대문디자인플라자(DDP)   112

카타르 국립박물관의 Panelization 사례   114

코오롱 One & Only Tower 사례   116

비정형 건축물 시공 불량 사례   118

비정형 건축설계 및 시공 시 유의점   121

03 시공사와 VDC   **123**

BIM과 VDC   123

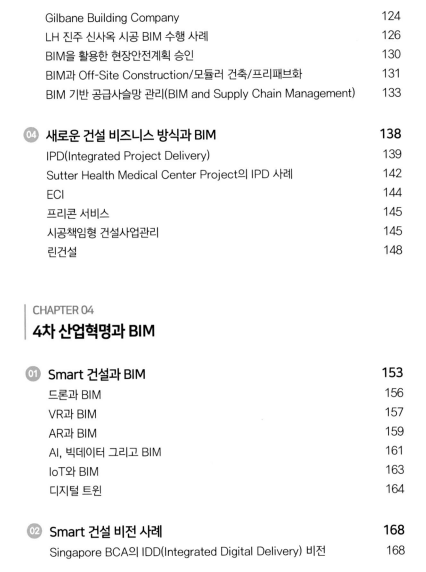

Gilbane Building Company   124

LH 진주 신사옥 시공 BIM 수행 사례   126

BIM을 활용한 현장안전계획 승인   130

BIM과 Off-Site Construction/모듈러 건축/프리패브화   131

BIM 기반 공급사슬망 관리(BIM and Supply Chain Management)   133

04 새로운 건설 비즈니스 방식과 BIM   **138**

IPD(Integrated Project Delivery)   139

Sutter Health Medical Center Project의 IPD 사례   142

ECI   144

프리콘 서비스   145

시공책임형 건설사업관리   145

린건설   148

CHAPTER 04
4차 산업혁명과 BIM

01 Smart 건설과 BIM   **153**

드론과 BIM   156

VR과 BIM   157

AR과 BIM   159

AI, 빅데이터 그리고 BIM   161

IoT와 BIM   163

디지털 트윈   164

02 Smart 건설 비전 사례   **168**

Singapore BCA의 IDD(Integrated Digital Delivery) 비전   168

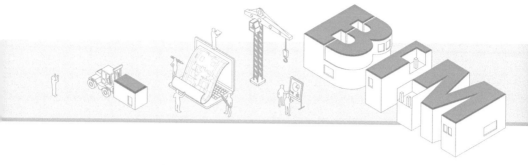

일본 가지마의 스마트 퓨처 비전   171
작업의 절반은 로봇이 수행한다   171
프로젝트 관리의 절반은 원격관리로 수행한다   172
모든 프로세스를 디지털화한다   173
스마트 건설도 사람, 프로세스, 기술의 융화가 기본이다   174

CHAPTER 05
BIM 수행계획

01 BIM 수행 절차의 이해   **177**
BIM은 해당 사업의 발주지침부터 시작이다   177
조달청 BIM 지침 - 시설사업 BIM 적용 기본지침서 v2.0   179
조달청 데이터 작성 및 활용 기준   180
BIM 조직과 예산 확보   184
"Begin with the end in mind"   184

02 BIM 수행계획서 작성   **188**
발주지침을 바탕으로 BIM 수행계획을 수립한다   188
참고할 만한 국내외 BIM 수행계획서 및 가이드   190
BIM 수행계획 수립 절차   192
BIM 수행계획서의 주요 내용 - 각 단계별로 별도로 작성하라   192

03 BIM 상세 수준 LOD/BIL   **202**
BIM 상세 수준은 참여자 간 중요한 약속이다   202
LOD   203
LOD 100-500   205
프로젝트에 보다 적합한 LOD를 정의할 수 있다   207
BIL과 LOD 비교   208

CHAPTER 06
BIM 운영 프로세스

01 BIM 역할과 책임   **215**

모든 참여자들이 BIM 데이터를 직접 구축하는 것은 아니다   215

역할별 책임   216

BSP   218

BSP의 역할과 책임도 BIM 수행 수준에 따라 다르다   218

02 P-M-C-A로 운영하라   **221**

Plan   222

Model   222

Check   223

Action   224

03 BIM 이슈는 지식자산이다   **225**

LH 신사옥 사업의 BIM 이슈 및 가치 분석   227

CHAPTER 07
건설사업관리자와 BIM

01 BIM에서 CMr의 역할   **233**

BIM 안 하면 없어질 수 있는 CM   233

CMr은 생애주기 BIM 코디네이터이다   234

BIM에서 CMr의 역할   235

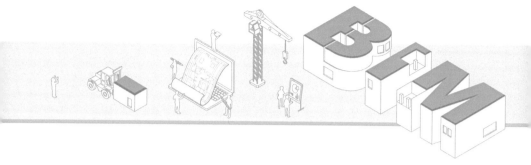

02 CMr에게도 BIM은 기회다   **237**

CM 서비스 차별화 및 경쟁력 강화 전략   237

CMr의 BIM은 스스로 BIM 데이터를 보고 문제점을 찾아내는 것부터 시작한다   241

BIM 기반 CM 서비스 도출   243

BIM 연계성이 좋고 적용하기 쉬운 CM 업무   243

BIM 수준이 어느 정도 확보된 후 연계 가능한 CM 업무   246

03 CMr의 BIM 운영 프로세스   **249**

CMr의 BIM 수행 및 지원체계   249

CMr의 설계단계 BIM 활용 프로세스   252

CMr의 시공단계 BIM 활용 프로세스   254

CHAPTER 08

BIM 도입 전략

01 BIM 도입 장애 요인?   **259**

건설 분야 종사자의 BIM 인식   259

BIM에 대한 기대는 높지만 도입의지는 낮아   261

BIM에 부정적인 건축설계자   262

실무자 BIM 인식조사의 시사점   263

BIM에 대한 부정적 인식의 원인   264

설계 BIM 장애 요인   267

프로세스적 장애 요인   268

기존 지침 및 가이드에 의한 장애 요인   269

참여자에 의한 장애 요인   269

외주 중심 BIM에서 실무자 중심 BIM으로 발전해야 한다   271

02 BIM 도입 성공 요인 세 가지   273

BIM을 기술로만 보면 안 된다   273
BIM 도입 성공 요인 - 기술   274
BIM 도입 성공 요인 - 프로세스   276
가장 중요한 BIM 도입 성공 요인 - 사람   277
"구슬이 서 말이라도 꿰어야 보배다"   279

03 BIM은 건설산업 생태계의 진화   282

BIM 도입은 CAD 도입 때와 근본적으로 다르다   282
Push에서 Pull 프로세스로 진화   283
BIM, 설계비, 설계 기간   285
BIM은 설계도서 간소화가 아니라 설계정보 충실화이다   286
싫어도 할 수밖에 없는 BIM   287
BIM 도면화에 대한 제도적 관점의 변화도 필요하다   288
BIM 데이터 공유 생태계   292
BIM과 산업 생태계 변화   295
MEP 분야 혁신적인 변화가 필요할 때   296
계약방식이 BIM 도입에 미치는 영향이 크다   297
Win-Win 기반의 새로운 계약방식을 도입하자   298

참고문헌 301
찾아보기 309

CHAPTER 01

BIM이란?

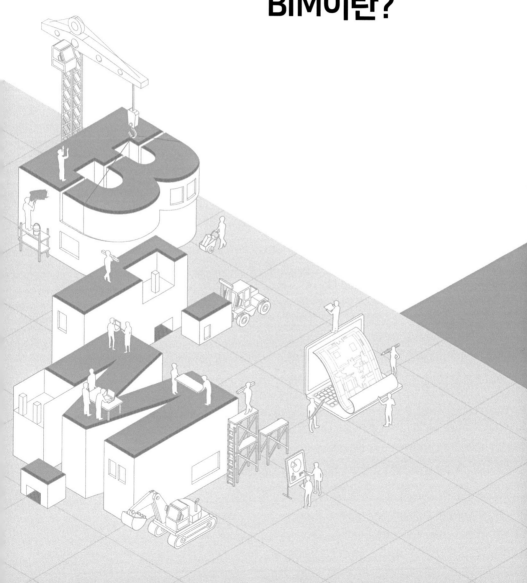

01
BIM 역사 살펴보기

▮ BIM 개념은 오래전부터 있었다

BIM Building Information Modeling이란 말을 쉽게 풀면 다음과 같다. 컴퓨터 하드웨어와 소프트웨어를 십분 활용하여 다양한 분야의 참여자들 간 협업을 기반으로 공간, 에너지, 디자인 등 여러 가지 측면에서 설계안을 최적화하고, 시공에 앞서 가상공간에서 여러 가지 리스크를 확인하고 해소함으로써 최적화된 시공 프로세스를 구현하며, 유지관리단계 동안 에너지, 비용, 관리 등 다양한 측면에서 시설물 활용을 최적화하는 것에는 것에 목적을 둔 개념이다.

BIM 단어 자체는 2000년대 초반부터 미국 건축설계사무소를 중심으로 태어났지만, 그 개념은 사실 컴퓨터가 처음 등장하는

1950년대부터 있었다. 건설 분야의 설계자들이나 엔지니어들은 컴퓨터를 이용하여 설계하고 시공에 활용하고자 하는 요구가 지속적으로 있었으며, 1980~90년대에는 CIC Computer Integrated Construction라는 용어로 학계는 물론 건설사에서도 많은 연구와 개발을 이끌어왔다. 하지만 그 당시에는 하드웨어 메모리 용량의 한계, 소프트웨어 기술의 한계, 고가의 비용 등으로 4D CAD나 시뮬레이션 등 매우 제한적 범위에서만 활용될 수밖에 없었다. 2000년 이후 컴퓨터 메모리 용량이 크게 늘어나고 소프트웨어가 급속도로 발전하면서 과거 연구소나 학계의 연구 개발 사례에 국한되었던 것들이 실무에서 안정적으로 활용할 수 있는 기반이 구축되면서 BIM이라는 이름으로 다시 탄생하게 된 것이다.

그뿐만 아니라 항공, 자동차, 조선산업 등 타 산업에서 3차원 기반 설계 및 생산 프로세스가 구현되면서 건설산업에도 이런 개념을 도입해야 한다는 요구가 발생하였다. 건설산업 내적으로도 공업화 건축Prefabrication에 대한 적용 범위와 수요가 늘어나고, 2D 기반 설계도서 작성 과정에서 발생하는 설계 도면 간 상이, 누락, 설계 미흡 등의 오류 발생과 이로 인해 야기되는 높은 리스크에 대하여 효과적인 대응 방안을 필요로 했다. 또한 독창성 있는 디자인 개발, 설계도서에 대한 정확도 및 품질 향상, 도서 작성에 대한 생산성 향상 등 다양한 요구사항이 발생하면서 관련 소프트웨어 개발이 가속화되고 2000년대 초반 미국 건축설계사무소를 중심으로 BIM이라는 새로운 이름으로 재탄생하게 되었다.

BIM이란 용어가 국내에 소개된 것은 2006년 정도로 기억된다. 벌써 십수 년이 지난 지금 어떤 이들은 "BIM이 아직도 확산이 안 되고 있느냐?"라고 말할지 모르겠지만 내가 보는 BIM은 2006년과 비교해보면 상당히 많은 변화를 가져왔고 지금 현재 이 순간에도 그 변화가 가랑비에 옷 젖듯이 건설산업 전반에 걸쳐 펴져가고 있다.

BIM 도입은 수작업으로 도면을 그리던 방식에서 CAD로 도면을 만드는 방식으로 바뀔 때보다 훨씬 혁신적이고 광범위하다. 건설산업의 언어, 즉 표현하고 의사소통하고 일하고 협업하는 방식이 바뀌는 것이다.

나는 이를 자동차의 도입과 비교하고 싶다. 1800년대 말 최초 자동차가 개발되고 1900년 초반 마차와 자동차가 혼재한 시대를 거쳐 도로와 교통 시스템도 개발되고 각종 법과 제도가 만들어졌다. 교통 문화라는 것도 생겼다. 100년이 지난 지금도 자동차와 교통 시스템은 새로운 개념으로 진화하고 있다.

BIM도 우리 산업에 제대로 자리를 잡으려면 아직도 많은 시행착오와 노력이 필요하다. 설계안을 표현하고 소통하며 일하는 방식이 바뀌는 것이기 때문에 건설산업 실무자들이 얼마나 효과적으로 BIM 프로세스를 받아들이느냐가 BIM 도입에서 매우 중요한 요인이다.

▌하이프사이클(Hype Cycle)을 통해서 본 BIM

가트너 그룹의 하이프사이클은 새로운 IT기술이 도입될 경우 1) 기술촉발기Technology Trigger, 2) 부풀려진 기대의 극대화Peak of Inflated Expectations, 3) 환멸의 골Trough of Disillusionment, 4) 깨달음Slope of Enlightenment, 5) 안정기Plateau of Productivity 등 5단계를 거치는 패턴이 있음을 여러 사례를 통해 증명하였다(Gartner, 2018).

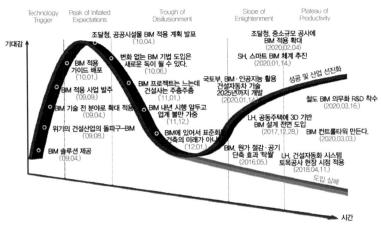

하이프사이클 커브를 통해서 본 국내 BIM 도입 현황

이 하이프사이클을 통해 국내 BIM 도입 현황을 살펴보면 역시 비슷한 패턴을 보이고 있다. 2006년부터 초기엔 BIM에 대한 기대가 매우 컸던 것을 알 수 있다. 하지만 곧 BIM이 전지전능한 것이 아니라 현실적인 한계와 문제점도 있다는 것을 파악하고 실망기를 거친 것도 알 수 있다(진상윤 외, 2012).

그러나 2016년 이후부터는 국제적인 동향을 보더라도 BIM이 단순히 기술이 아니라 건설산업의 표현과 의사소통하는 방식이 진화하는 것임을 깨닫고 현실적인 한계를 이해하면서, 동시에 제도와 정책 그리고 공공발주자의 도입확대 등을 통해 BIM을 산업 전반에 걸쳐 확산시키고 있는 4단계 중간 이후 정도 수준의 시기인 것으로 판단된다.

▌공공사업에서 BIM

국내에서는 2009년 조달청에서 발주한 용인시민체육공원 턴키 사업에서 처음으로 BIM 활용에 대한 요구사항이 입찰 지침에 포함되었다. 이후 500억 이상의 대형 건축사업을 중심으로 BIM 도입이 추진되었는데, 최근에는 한국은행 통합별관 건축사업, 여의도 우체국 재건축 사업 등 주요 공공 프로젝트에서 BIM 적용은 지속적으로 확대되었다. 조달청은 더 나아가 300억에서 500억 사이의 중규모 사업뿐만 아니라 300억 미만의 사업에서도 BIM 확대 도입을 추진하고 있다.

한국토지주택공사(이하 LH)는 2012년부터 2015년까지 진주 본사 신사옥 사업을 통해 설계 및 시공단계에 걸쳐 BIM을 본격적으로 도입한 바 있다. 이후 LH는 현상설계와 시공책임형 CM 등의 사업에서도 BIM 활용을 요구하고 있으며 2025년까지 LH에서 발주하는 모든 사업으로 BIM을 확대 적용하는 것을 목표로 하고 있다.

국토교통부가 2018년에 발표한 제6차 건설기술진흥 기본계획에서 BIM과 4차 산업혁명 기술 융합을 통하여 건설산업의 국가 경쟁력을 높이겠다고 천명하고, 이를 위한 노력을 다각도로 벌이고 있다.

이미 건축은 물론 토목 분야에서도 BIM 적용을 독려하고 있으며, 이에 대한 일환으로 2020년부터 발주하는 500억 이상 도로공사에 BIM 적용을 의무화하고 있다. 또한 이를 위한 도로공사용 BIM 가이드가 개발되었다.

철도역사나 지하철역 같은 경우에도 많은 철도 노선이 역사를 중심으로 설치되고, 동선이 복잡하며, 여러 가지 간섭이 발생하기 때문에 철도 사업에서 BIM 활용은 이미 중요한 업무가 되었다.

▍해외 BIM 추진 현황

우리나라뿐만 아니라 많은 나라에서 공공사업에 BIM 사용을 의무화하거나 독려하고 있다. 영국 NBS National Building Specification 에서 최근에 발표한 'International BIM Report 2016' 보고서에 의하면 건축서비스산업에서 BIM을 사용하고 있는 비율이 영국은 약 48%, 덴마크는 약 78%에 달하는 것으로 나타났다. 국가별로 약간씩 다르지만 유럽과 일본의 응답자들 중 90% 내외가 향후 3년 이내에 BIM을 도입할 것으로 예상하였으며, 건축서비스산업의 발주자와 시공사 등 건설산업에서도 건축사에 대한 BIM 요구가 상당히 증가할 것으로 예측하였다.

특히 영국의 경우 NBS를 통해 국가적 차원에서 BIM 도입을 적극적으로 추진하고 있다(NBS, 2020; UBF, 2020).

이들은 BIM 성숙도 수준을 Level 0에서 Level 3까지 나누고 Level 0는 CAD 중심의 기존 방식, Level 1은 2D와 3D가 공존하는 방식, Level 2는 모든 분야에서 BIM을 활용하는 수준, Level 3은 통합된 하나의 모델에서 여러 참여자들이 협업할 수 있는 수준으로 정의하고 있다. 2011년 5월에 발표한 건설 전략에서 공공사업의 사업비를 2016년까지 20% 절감하겠다고 선언하였으며, 이를 달성하기 위해서 계약자들이 BIM Level 2에서 사업을 수행할 것을 요구하고 있다.

Level 2에서는 사업에 대한 모든 정보와 문서가 전자화되고 3D BIM을 중심으로 협업을 수행할 수 있어야 한다. 또한 이러한 기준으로 공공사업에서 BIM 도입을 선도함으로써 민간 부분에도 자연스럽게 파급시키고자 하고 있다.

미국은 아직 국가적인 차원에서 단일화된 형태로 BIM 도입을 의무화하고 있지는 않지만, 민간 차원에서 그리고 각 주정부 및 연방정부 부처별로 다양하게 BIM을 도입하고 있다.

물론 국가적 차원의 BIM 표준인 National BIM Standard-United States NBIMS-US(https://www.nationalbimstandard.org/)가 있다. 또한 미 연방정부에 대한 조달을 담당하는 GSA General Services Administration의 BIM Guide(GSA, 2020), 보훈처에 해당하는 VA Department of Veterans Affairs도 The VA BIM Guide(VA, 2010)를 통해 BIM 도입을 추진하고 있다.

미국 건축사협회(www.aia.org)에서는 여러 가지 BIM 사례와 관련된 새로운 조달방식 등을 소개하고 있다. 미국건설협회(www.agc.org)가 주관이 된 BIM Forum(bimforum.org)에서는 매년 BIM 사례 세미나를 개최하고 BIM 상세 수준에 대한 정의 및 가이드도 발행하고 있다.

싱가포르도 국가적 차원에서 BIM을 강력히 도입하고 있다. 특히 싱가포르는 중장기 단계별 로드맵을 통해 비전과 미션을 설정하고 BIM에서 협업과 원도급사 및 전문건사 등 참여자의 범위 확대에 기반한 VDC Virtual Design and Construction으로 - VDC에 대한 정의는 국가마다 약간씩 다르다 - 확대하고, 요즘에는 전체 생애 주기에 걸쳐 BIM, VDC 및 4차 산업혁명 기술 등을 활용하여 프로젝트의 가치를 극대화하는 것에 목적을 둔 IDD Integrated Digital Delivery(4장 2절 'Smart 건설 비전 사례' 참조)라는 개념을 정의하고 이를 목표로 추진하고 있다(BCA, 2020).

02
BIM과 CAD의 차이

그렇다면 BIM은 CAD Computer Aided Design, 즉 2D CAD나 3D CAD와 어떻게 다를까? 먼저 정답부터 이야기하면 BIM의 'I'는 Information, 즉 우리가 다루는 건설 콘텍스트Context에 대한 정보를 담고 있다는 점이 기존 CAD와 가장 근본적인 차이점이다. 여기서 콘텍스트란 '상황정보'로 정의되는데, 우리가 짓고자 하는 시설물에 대한 부재, 프로세스 등 프로젝트에 관련된 모든 정보의 집합이라고 생각할 수 있다.

▌2D CAD

먼저 2D CAD의 특징을 살펴보자. 전통적인 2D CAD 방식에서 건축사는 머릿속에서는 3차원 모델로 디자인하지만 평면, 입면, 단면 등 2차원 도면을 통해 설계안을 표현한다. 다른 참여자들은 그렇게 만들어진 도면들을 보고 조합하여 머릿속에 다시 3차원 모델을 만듦으로써 설계를 이해하고 각자의 업무를 수행한다. 설계가 진행되는 동안에도 지속적으로 변경이 발생하는데, 이를 일관성 있게 여러 가지 도면에 반영하기 어렵다 보니 설계도면 간 상이, 누락 등 설계도면의 오류가 다수 발생한다.

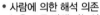

- 사람에 의한 해석 의존
- 높은 오류 발생 가능성

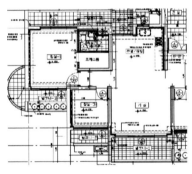

- Line, Arc, Circle 등으로 명령어 실행
- 좌표, 선 길이, 두께, 색깔 등의 정보
- 건설 Context는 없음

2D CAD

또한 CAD 프로그램은 설계정보를 선, 원, 호, 글자 등의 형상 정보(좌표, 길이, 두께, 색깔 등)나 텍스트로만 담을 수 있는 한계를 가지고 있다. 사람은 2D 도면의 선을 보고 무엇이 구조벽인지, 무엇이 마감부재인지 이해하지만, CAD 프로그램이 무엇이 벽인지 마감부재인지 자동으로 구분할 수 없다. 그러다 보니 2D CAD로부터 자동으로 얻을 수 있는 정보는 거의 없고 철저히 사람에 의해 해석되어야 한다.

2D 도면 기반 프로세스에서는 건축 프로젝트가 진행되는 동안 관련자들은 설계안을 이해하기 위해 추가 도면을 요청하고, 시공단계에서 설계도서 상이, 누락, 미흡 등의 설계 오류들이 발견된다. 발견된 오류들을 해결하기 위하여 질의서가 발생하고 설계보완과 설계상 이슈Issue 해결을 위해 건축사는 또다시 시간과 인력을 투입해야 한다. 이로 인해 발주자에게는 공기가 지연되거나 재시공으로 인해 공사비가 추가될 가능성도 많으며, 디자인이 복잡해지고 규모가 커질수록 그 문제는 더 심각해질 수 있다.

▎3D CAD

오래전부터 건축설계에 대한 조감도나 대표이미지를 만들기 위해 3D CAD가 활용되었다. Autodesk의 3Ds Max, Rhinoceros, Trimble의 SketchUp 등이 대표적인 예이다. 3차원 모델을 이용한

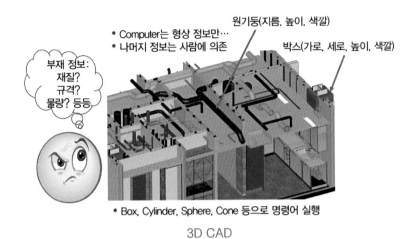

• Computer는 형상 정보만…
• 나머지 정보는 사람에 의존

원기둥(지름, 높이, 색깔)

박스(가로, 세로, 높이, 색깔)

부재 정보:
재질?
규격?
물량? 등등

• Box, Cylinder, Sphere, Cone 등으로 명령어 실행

3D CAD

설계정보 표현은 형상에 대한 정보를 보다 정확히 표현할 수 있다는 장점은 있다. 하지만 일반적인 3D CAD는 Wireframe Model, Surface Model, 그리고 Solid Model을 기반으로 박스, 원기둥, 원뿔, 구 등 3차원 형상 정보를 이용하여 표현하기 때문에 역시 건설과정에서 다루어지는 콘텍스트가 담길 수 없다.

기존 3D CAD의 예를 든 그림은 각종 배관들이 배열된 한 건축물의 천정 내 공간을 보여주고 있다. 그러나 3D CAD 프로그램은 배관들을 배관이 아닌 파란색 원기둥, 녹색 원기둥 등으로 인식되기 때문에 색깔, 원기둥의 길이, 반지름 등 형상 정보만 알 수 있을 뿐이지 색깔별 배관의 의미를 프로그램 자체는 전혀 알 수 없다.

또 기둥을 표현해도 3D CAD는 기둥으로 인식하지 않고 원기둥이나 솔리드 박스Solid Box로만 인지할 뿐이다. 결국 부재, 재료,

성능 등 관련된 정보가 별도로 관리되어야 하는 한계가 있기 때문에 3D CAD는 디자인 과정뿐만 아니라 전체 건축 프로젝트 과정에서도 대체 업무가 아닌 추가업무가 될 수밖에 없다.

하지만 요즘은 BIM 도입이 전 세계적으로 활성화되면서 위에서 언급된 프로그램들도 점점 BIM과 연계되거나 BIM화되고 있다. 아마도 몇 년 후에는 이것들도 BIM 도구라고 해야 할지도 모른다.

▎BIM

그럼 BIM은 어떻게 다른 것일까? BIM의 가장 큰 특징은 기둥, 보, 슬래브, 벽, 창호, 문 등 부재 정보를 중심으로 3차원 모델을 구축하면서 해당 부재와 관련된 정보를 추가하고 관리할 수 있다는 점이다.

예컨대, 3차원 모델에서는 소프트웨어 자체는 창문이 몇 개인지, 어떤 것이 기둥인지 알 수 없다. 단지 솔리드 박스가 몇 개 있는지, 빨간색 원기둥이 몇 개 있는지 등의 정보밖에 얻을 수 없다.

그러나 BIM 소프트웨어를 활용하면 부재 정보를 인지하고 관리하기 때문에 어떤 부재인지 또 그것이 얼마만큼 있는지 등을 포함하여 여러 가지 정보와 콘텍스트를 얻어낼 수 있다는 점이 기본적으로 가장 큰 차이점이다.

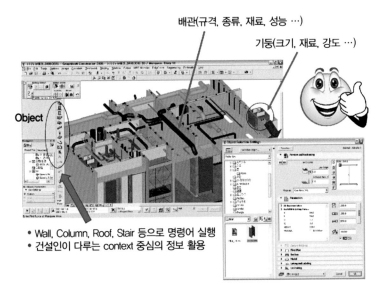

배관(규격, 종류, 재료, 성능 …)

기둥(크기, 재료, 강도 …)

Object

• Wall, Column, Roof, Stair 등으로 명령어 실행
• 건설인이 다루는 context 중심의 정보 활용

BIM

그림에서 보듯이 BIM에는 3차원으로 건축물을 모델링할 수 있
는 기본 객체가 있다. 벽, 문, 창, 기둥, 슬래브, 계단, 지붕, 커튼월
등 다양한 객체가 있으며, 필요하면 기본 객체를 이용하여 새로운
객체를 만들어 모든 건축물 구성요소를 표현할 수 있다. 또 벽도
내력벽인지 마감벽인지 그 구성은 어떻게 되는지를 객체의 속성
정보를 통해 다양하게 지정할 수 있으며, 그 밖에 재료나 색깔은
기본이고 창호의 경우 프레임 두께나 설치 방법까지 조정할 수
있기 때문에 기본설계에서 실시설계까지 다양한 상세 수준으로
모델 구축이 가능하고 도면을 추출할 수 있다.

예를 들면, 그림은 BIM 프로그램 내부의 창호와 가구에 관련된

라이브러리를 보여주고 있다. 여기서 설계자는 창호의 형태를 선택하고 창호 프레임 두께를 비롯한 세부 사항을 설정할 수 있으며, 창호 번호, 성능, 모델번호나 제조사 등의 정보도 넣을 수 있다. 또한 창호목록, 도어목록, 자재목록 등 일람표가 객체에서 설정된 속성 정보에 의거 자동 생성될 수 있다.

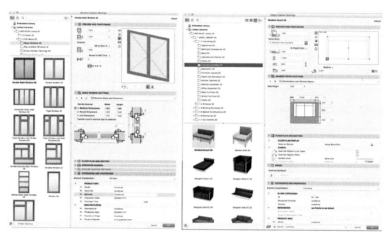

창호와 가구 라이브러리 예시

BIM에서 라이브러리Library는 매우 중요한 구성요소인데, 이는 3차원 형상 객체와 다양한 정보로 미리 만들어져 있어 약간의 속성 값 수정을 통해 원하는 BIM 객체를 보다 쉽게 구축할 수 있도록 하고 있다. 만약 라이브러리가 없다면 모든 부재의 3차원 객체를 일일이 만들어야 하기 때문에 BIM 프로세스를 아무도 받아들이지 않을 것이다. 다행히도 BIM에서는 기본적인 건축설계를 효과적으로 할 수 있을 만큼의 창호, 문, 계단, 기계 장비, 가구, 위생설비 등 매우 다양한 라이브러리 객체들이 제공된다.

국내에서는 빌딩스마트협회를 통해 BIM 연구단이 만든 KBIM 라이브러리를 제공하고 있으며(www.kbims.or.kr 참조), 한국토지주택공사의 경우 공동주택설계에 적용할 수 있는 라이브러리를 자사 홈페이지(www.lh.or.kr)를 통해 배포하고 있다.

이미 유럽에서는 건축자재회사들이 라이브러리 구축과 유통에 대한 비용을 지불하는 비즈니스 모델을 기반으로 BIM 라이브러리 유통전문회사가 생겨 다양한 라이브러리를 무료로 제공하고 있다. 대표적인 예로는 bimobject.com을 들 수 있다. 건축자재 회사들은 라이브러리 제공을 통해 자사 제품이 설계에 반영되고 실제 구매로 연결되기 위한 가능성을 높이기 위해서라도 BIM 라이브러리 제공에 적극적으로 참여해가고 있다.

더 나아가 이런 BIM 객체의 속성 정보들을 활용하여 매우 다양한 응용이 가능하다. 기본적으로 BIM 부재 정보를 중심으로 형상 정보뿐만 아니라 여러 가지 정보가 연계된 형태로 관리될 수 있기 때문에 BIM에 구축된 각종 부재의 리스트를 뽑거나 물량 산출, 그리고 각종 시뮬레이션 등 다양한 목적의 응용 프로그램들과 연계도 가능하다.

▎ 2D 도면에서 BIM이 아니라 BIM에서 2D 도면을 추출하는 것이다

BIM 설계 프로세스에서는 3차원 부재 모델과 그것을 구성하는 정보를 기반으로 2D View를 무한대로 추출할 수 있다. 이러한 View를 이용하여 도면을 생성하는 것이다. BIM에서 2D 도면은 3차원 모델을 어느 방향에서 봤느냐에 대한 결과물에 지나지 않는 것이다.

또한 3차원 모델에서 변경된 내용은 2D 도면에 자동으로 반영되고 2D 입면 View상에서 수정한 설계 변경이 3차원 모델은 물론 다른 2D 도면에도 바로 즉각적으로 자동 반영된다. 즉, 2D CAD 설계 프로세스상에서 발생하는 설계도서상이라는 문제점이 사라지는 것이다.

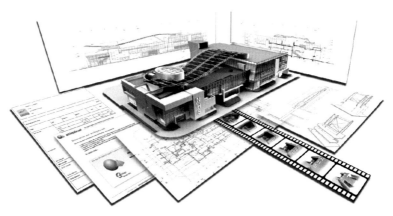

BIM으로부터 도면 및 각종 정보 추출 개념도(이미지 제공 : 한국그래피소프트)

하지만 국내에서는 건축사들이 BIM 설계에 익숙하지 않기 때문에 일단 설계를 2D CAD로 하고, 이를 가지고 BIM을 구축하는 소위 BIM 전환설계로 진행된 경우가 많이 있다. 하지만 이는 기존 설계방식에 투입되는 인력과 BIM에 투입되는 인력으로 따로따로 수행되고, BIM에서 도면을 생성하는 것이 아니라 기존 방식에서 만든 도면으로 BIM을 만들기 때문에 정상적인 BIM 프로세스가 아닌 이중적이고 낭비가 많은 프로세스이다.

BIM에서는 2차원이나 3차원상에서 평면, 입면, 단면선을 임의로 설정하여 2D View를 무제한으로 생성할 수 있다. BIM을 통해 객체와 데이터를 적절하게 구축한다면 이를 통해 얻을 수 있는 정보의 종류와 양은 무궁무진한 것이다. 건축사 입장에서 보면 디자인 시간의 상당 부분을 설계도면 생성이 아닌 디자인 개발에 더 많은 시간을 투자할 수 있는 것이다.

또한 이렇게 생성된 2D 도면은 BIM 데이터와 더불어 가벼운 모델의 형태로 내보내져 모바일기기에서 활용될 수 있다. 3차원 모델과 연계된 설계도면까지 만들 수 있어서 설계도서에 대한 가독력도 매우 향상되고 있다.

다음 그림은 ArchiCAD에서 구축된 모델과 생성된 2D 도면을 BIMx라는 프로그램을 이용해 가벼운 Virtual Reality VR 모델로 내보냄으로써 모바일기기에서도 BIM과 도면을 연계하여 볼 수 있는 사례를 보여주고 있다. 이런 기능은 BIM 툴이 없는 발주자나

시공자도 별도로 BIM을 구매하지 않고도 사용할 수 있고, 건축구
성요소별 주요 정보도 볼 수 있어 설계안 검토에서 현장관리에
이르기까지 다양한 용도로 활용될 수 있다.

　이제 도면 세트를 들고 다니지 않고 핸드폰이나 모바일기기에
서 BIM을 통해 도면도 보고 특정 부재의 정보도 조회할 수 있다.
이는 시공사나 건설근로자들에게, 특히 외국인근로자들에게는
설계안을 보다 쉽게 이해시킴으로써 시공 오류 검토와 안전시공
유도 등 시공관리 차원에서도 효과적으로 활용될 수 있다.

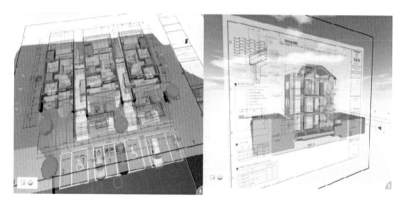

모바일기기에서 활용하는 BIM 추출 도면과 BIM
(이미지 제공 : 한양·세림 박상헌 소장)

　BIM의 강력한 기능 중의 하나가 단면을 생성하는 것이다. 단면
선을 설정하면 그에 따라 단면이 자동으로 만들어지고, 심지어는
3D 모델을 원하는 방향에서 절단하여 단면을 볼 수 있다. 단면을
자유롭게 볼 수 있도록 하는 점은 시공단계에서도 매우 유용하다.

예를 들면, 복잡한 배관과 덕트가 지나가는 공간의 높이와 폭이 충분히 확보되었는지 확인할 수 있고, 레벨 차이가 많이 나는 대지에 지하주차장이 건설되는 경우 기초부위와 바닥 슬래브의 단차이가 복잡하게 발생되기 때문에 BIM을 통해 공사를 직접 수행하는 협력업체들이 설계안을 정확히 이해하고 문제점을 효과적으로 파악하며 이를 바탕으로 정확한 시공계획과 샵드로잉Shop Drawing을 만들 수 있기 때문이다.

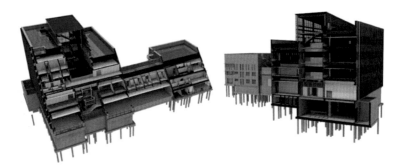

3D 단면 View 예시

03
BIM 정의

▌BIM의 세 가지 정의

BIM 소프트웨어는 전산학적 관점에서 보면 객체지향 방법Object-Oriented Method과 패러메트릭 모델링Parametric Modeling을 기반으로 개발되었다(Eastman et al., 2011). 이러한 방법을 통해 건설 부재를 객체로 나타내고 객체의 속성을 이용하여 형상 정보는 물론 비형상적 정보까지 나타낼 수 있다.

예를 들면, 사람을 객체로 표현하면 그 객체의 속성에는 이 사람에 대한 신체적 특징뿐만 아니라 사진, 이름, 주민번호, 주소, 성별 등 수많은 데이터를 통해 사람에 대한 다양한 정보를 나타낼 수 있다.

같은 개념으로 건축물의 부재를 중심으로 부재의 높이, 너비, 두께 등의 형상적 정보는 물론 그 부재의 재료, 성능, 규격, 제품, 모델번호, 설치일자, 최근 점검일자 등의 비형상적인 정보까지 포함할 수 있으며, 사용자가 원하는 속성을 정의하여 추가할 수도 있다.

BIM 단어의 가운데 'I'가 Information이라는 점을 다시 상기할 필요가 있다. 이 정보는 바로 건축물 구성요소를 포함한 프로젝트에 관련된 수많은 속성 정보를 정의하고 활용할 수 있다는 것을 의미한다. 다음 그림은 벽과 커튼월 부재 두 가지 객체에 대한 속성Parameter들을 보여주고 있다. 이것들을 조정하여 부재의 크기, 높이, 두께 등을 조정할 수 있으며 그림의 아래 부분에 열거된 여러 가지 속성을 이용하여 부재 코드, 재료, 성능, 규격, 제조사, 모델번호, 시공사, 공법, 유지관리단계에 필요한 이력관리에 이르기까지 다양한 정보를 활용하거나 추가로 정의해가면서 설계, 시공, 유지관리단계에 걸쳐 BIM 객체를 중심으로 다양한 정보를 관리할 수 있다.

이러한 개념을 기반으로 BIM은 다음과 같이 세 가지로 정의할 수 있다.

첫째, BIM은 Building Information Model이다. 이는 3차원 객체 Model와 그 객체를 관련하여 생애주기 동안 창조되고 관리되는 여러 가지 정보Information의 집합체를 의미한다(Kymmell, 2008).

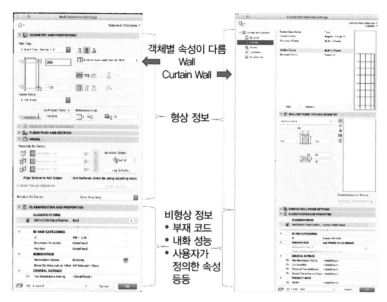

BIM 객체의 속성 구성

둘째, BIM은 Building Information Modeling이다. 끝에 영문법상 현재 진행형인 'ing'가 붙어 있다. 이는 첫 번째 정의보다 더 넓은 의미로 모델링하는 행위, 즉 프로세스와 협업 그리고 BIM을 공유하는 행위를 포함한다. 즉, 3차원 객체Model와 그 객체를 나타내는 여러 가지 정보 집합체를 활용하여 프로젝트 참여자들 간 협업하고 BIM을 공유하는 행위와 프로세스Modeling를 의미하는 것이다(Jernigan, 2008; Kymmell, 2008).

셋째, BIM은 Building Information Management이다. 첫 번째, 두 번째 정의를 바탕으로 설계, 시공, 유지관리단계 등 생애주기에 걸쳐 객체와 정보를 생성하고 정보를 추가하며 공유하는 행위와

프로세스 그리고 이 과정을 관리하는 것Management을 의미한다
(Churcher, 2019).

현재는 Building Information Modeling이라는 말이 BIM을 가장
대표하는 의미로 활용하고 있지만, 위의 세 가지를 모두 보면 첫
번째 정의에서 세 번째 정의로 갈수록 그 해석 범위가 점점 더
확대되고 있는 것을 느낄 수 있을 것이다.

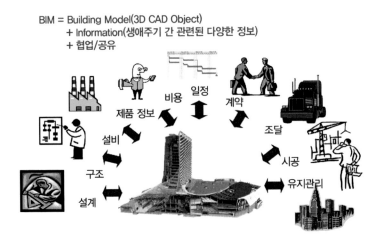

BIM 정의

▌BIM 무엇이 좋은가?

그렇다면 BIM을 사용하면 어떤 점이 좋을까? 일단 3차원 모델
과 관련된 정보를 가지고 표현하기 때문에 발주자, 설계자, 시공

자 등 이해당사자들 간 요구사항을 이해하고 의사소통하기 용이하다.

특히 발주자는 2D 도면보다 BIM을 통해 자신의 요구사항이 설계안에 제대로 반영되었는지 보다 쉽게 이해할 수 있고 건축사와 의사소통하기도 더 수월하다. 이를 통해 고객의 만족도가 높아져 건축사에게는 더 많은 수주 기회가 발생할 수 있으며, BIM 기반 도면 생성체계를 갖춘다면 도면 작성에 들이는 시간을 줄이고 더 많은 시간을 디자인에 투자할 수 있다.

BIM 프로세스에서 설계도면 오류는 최소화되어 재작업이 없어지게 되고 시공자는 공사 전에 시공성를 검토할 수 있어 시공성을 향상시키고 시공 리스크를 최소화할 수 있다. 또한 보다 신속하고 빠른 물량 산출을 통해 예산 검토도 더 효율화된다. 빠듯한 발주자의 예산 내에서 여러 가지 대안을 검토하고 예산에 맞는 설계 대안을 도출하는 것도 더욱 용이해진다.

시공단계에 참여하는 전문업체들은 복잡한 설계안도 BIM을 통해 보다 쉽고 효과적으로 이해할 수 있으며, 문제점 파악과 해결책 모색에도 효과적이다. 이를 통해 정확한 시공계획과 샵드로잉을 생성함으로써 부재 제작의 정밀도도 향상시키고 현장 시공 시 피팅Fitting 작업이 최소화되어 공기단축과 자재손실 절감에도 기여한다.

미국 McGraw-Hill사에서는 2012년을 기준으로 70%의 건축사가

BIM을 도입한 것으로 조사하였는데, 놀랄 만한 것은 시공사의 BIM 도입률이 이를 추월해 74%인 것으로 나타났다는 것이다 (Bernstein et al., 2014). 실제로 건설현장에서 시공방법이 점점 더 건식화 그리고 프리패브Prefabrication화되고 있어 이제는 현장에서 만드는 것보다 조립하는 부재가 점점 더 많아지고 있는 추세다.

발주자들은 BIM에 대한 효과로 디자인을 더 잘 이해할 수 있으며, 공사비용이나 공기 검토 및 조절이 용이하고, 합리적인 디자인 도출을 위한 분석 및 시뮬레이션이 가능하며, 설계도서 오류나 간섭으로 인한 이슈 발생이 줄어드는 점을 장점으로 들고 있다.

3D 프린터, 스마트공장 등 4차 산업혁명으로 로봇에 의한 고객 맞춤형 생산이 가능해지기 때문에 앞으로 건축사들은 표준에서 탈피한 창의적인 디자인이 더 수월해지고 시공사나 협력업체들은 건축사들에게 스마트 생산체계와 연계 가능한 BIM 데이터를 요구하게 될 것이다.

이렇게 BIM은 공기, 비용, 품질 등 모든 관점에서 리스크를 최소화하는 데 기여할 수 있기 때문에 단순히 건축가만을 위한 설계 도구가 아니라 모든 참여자와 프로젝트를 위한 전략적 도구이자 프로세스인 것이고 또 그런 방향으로 산업이 진화하고 있다.

CHAPTER 02

생애주기 동안
BIM 활용 분야

2006년 이래 BIM의 활용은 여러 가지 측면에서 진화되었다. 초기에 BIM은 설계 검토, 간섭 검토, 4D 시뮬레이션 등 특정 업무를 중심으로 수행되어 그 활용범위가 매우 제한적이었다. 특정 업무를 위해 별도로 BIM 모델을 구축하고 그 업무에 한하여 활용하는 수준이었기 때문에 BIM은 특정 업무를 해결하기 위한 도구였다. 그 이후 설계단계에서 BIM을 설계 검토, 구조설계, 간섭 검토, 물량 산출, 친환경 분석 등 다양한 목적으로 활용할 수 있게 되면서 공공사업을 시작으로 발주지침에 BIM 요구사항이 명시되기 시작했고, 이에 대한 BIM 수행계획 수립과 그것에 의한 운영 및 관리체계가 도입되고 있으며, 설계단계뿐만 아니라 시공단계까지 범위가 확장되고 있다.

소위 BIM 기반 프로세스로 발전한 것이다. 이 수준에서는 수행계획을 수립하고 프로세스를 운영하는 것이 중요하다. 또한 발주자 관점에서 보면 BIM을 설계나 시공뿐만 아니라 유지관리단계에서도 유용하게 활용할 수 있다. 공간에 대한 정보, 장비나 시설에 대한 설계, 제품, 제조사, 보증 등 유지관리단계에 필요한 정보가 BIM과 연계되어 다양한 목적으로 활용할 수 있기 때문이다. 따라서 BIM 프로세스의 범위도 설계단계에서 시공단계 그리고 유지관리단계에 이르기까지 확장되고 있다.

BIM은 생애주기 각 단계별로 다양한 분야에서 다양한 목적을 가지고 활용된다. 일단 BIM 모델만 구축하면 다른 분야에서 알아

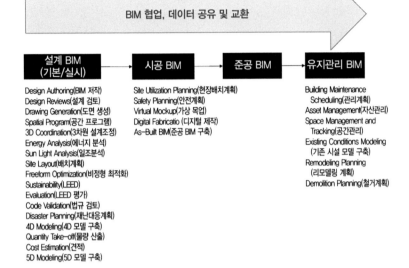

생애주기 간 BIM 활용 분야 - Life-Cycle BIM Uses

서 활용할 것이라는 생각은 금물이다. 2D 도면 기반 프로세스에서는 어차피 사람이 도면을 이해하고 자기 분야에 활용해야 하지만, BIM 데이터의 모델이 잘못 구축되거나 정보가 누락되어 제대로 활용할 수 없다면 BIM 활용도와 가치 그리고 해당 프로젝트에 기여할 수 있는 부분은 거의 없어진다.

따라서 BIM 데이터를 구축하는 데 후속과정 또는 단계에서 BIM 데이터 활용을 위한 고려가 반영되어 있어야 생애주기 동안 BIM이 참여자들 간 효과적인 의사소통과 데이터 공유에 활용되고 그 효과 또한 다양하게 발생할 수 있다.

01

설계단계 BIM

설계단계에서 수행되는 BIM을 설계 BIM이라 한다. 건축설계 초기안을 바탕으로 각 분야별 도면을 만들듯이 설계 BIM 프로세스에서는 건축설계 초기 BIM 데이터를 기반으로 구조, 토목, 기계, 전기, 조경 등 각 분야별 BIM을 만든다. 이렇게 BIM 모델과 데이터를 만드는 과정을 BIM Authoring(저작과정)이라고 부른다. 하지만 설계 BIM은 여기서 그치지 않고 구축된 분야별 BIM을 통합된 형태 또는 독립적인 형태로 여러 가지 분석에 활용함으로써 최적화된 설계안을 개발하는 과정을 거치게 된다. 이런 과정을 거친 모든 BIM 데이터의 집합이 설계 BIM의 성과물이 되는 것이다. 그럼 설계 BIM에는 어떤 대표적인 BIM 활용 분야가 있는지

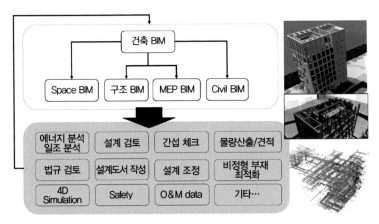

설계 BIM 구성 및 활용 분야

살펴보자.

▌ 공간 모델(Space Model)을 이용한 실/구역별 면적 검토

BIM에서 공간 모델은 설계 초기단계의 공간 프로그래밍부터
유지관리단계의 공간임대관리에 이르기까지 매우 활용도가 높다.
공간 모델은 건축 공간을 3차원 모델과 정보를 통해 나타내는데,
공간 또는 실 종류별로 서로 다른 색깔을 부여하여 나타낼 수
있고, 각 공간 종류별로 면적산출을 통해 발주자가 요구하는 면적
기준에 부합하는지를 바로바로 파악할 수 있다.

BIM 전용 모델체커Model Checker와 룰셋Rule Set을 이용하면 설계
조건에 대한 부합성 여부도 자동으로 체크할 수 있다. 설계 지침에

서 요구하는 면적을 충족시키고 있는지를 설계자가 확인해가면서 설계안을 만들고, 발주자는 BIM 데이터를 통해 이를 바로 검증할 수 있는 것이다.

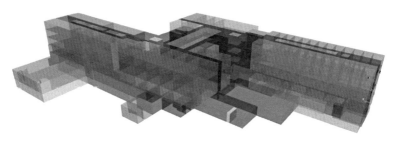

실 종류별로 구분된 공간 모델 예시

또한 공간 모델을 통해 주요 실내 마감재에 대한 물량 산출도 가능하다. 공간 모델은 건축물 형태에 따라 중심선, 안목치수, 외벽선 중심 등 다양하게 만들 수 있다. 안목치수 중심의 공간 모델을 통해 각 공간별 바닥, 벽, 천정의 면적, 둘레 등을 추출할 수 있어서 바닥판, 벽지, 페인트, 천정타일 등의 면적을 바로 산출하고 이를 기반으로 마감재 물량을 산출할 수 있다(차유나 외, 2014).

더 나아가 4D BIM을 만들 때 공간 모델은 실내 부분의 공정현황을 나타내는 데 효과적으로 활용할 수 있다. 예를 들면, 50층짜리 주상복합빌딩에 대한 4D BIM을 만든다면 실내 마감부재를 층마다 일일이 모델링하는 것보다 실내는 공간 모델로만 표현하고 색깔 변화를 통해 각 층별로 어떤 공사가 진행 중인지를 효과적으로 나타낼 수 있기 때문이다.

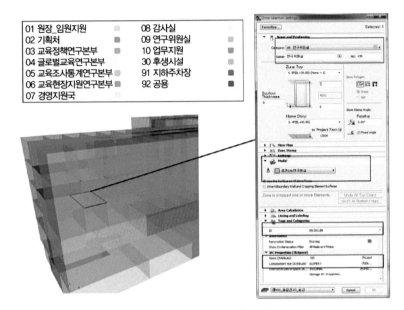

속성 정보 정의를 통한 공간 모델 구축

유지관리단계에서는 공간임대계약이나 공간관리, 보안관리, BEMS Building Energy Management System 연계 등 여러 가지 목적으로 BIM 데이터와 연계하여 활용할 수 있다. 이렇게 공간 모델은 설계, 시공, 유지관리단계에 이르기까지 매우 유용하게 활용할 수 있는 BIM 데이터이다.

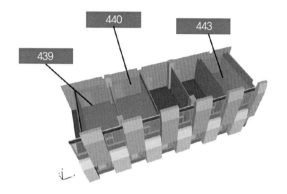

연구실 예시										
Home Story	Zone Name	ID	Zone Number	Height	Number of Doors	Number Surface Area	Number of Windows	Windows Surface Area	Windows Widht	Walls Surface Area
4F (EL+95.50)	연구실	09.001.89	439	2.7	1	2.31	1	5.04	1.8	43.55
4F (EL+95.50)	연구실	09.001.90	440	2.7	1	2.31	1	5.04	1.8	43.07
4F (EL+95.50)	연구실	09.001.93	443	2.7	1	2.31	1	5.04	1.8	47.58

공간 모델로부터 물량 정보 도출

▌ BIM 기반 친환경 분석

일조량, 냉난방에너지, 기류, 일영 등 건축 환경과 관련하여 매우 다양하게 BIM을 활용할 수 있다. 실제 BIM을 도입한 건축사들이 도면 생성 외의 가장 큰 장점으로 꼽는 것 중 하나가 친환경 분석을 통해 발주자에게 더 발전된 서비스를 제공할 수 있다는 것이다.

직관적이거나 경험에 의존하기보다는 BIM과 연계된 분석을 통해 보다 객관적이고 정량적으로 분석된 결과를 통해 친환경적이고 에너지절감형의 건축 디자인을 도출할 수 있다. 이런 차별화된 서비스는 수주 가능성은 물론 발주자에게 친환경설계에 대한 추가적인 대가를 보다 정당하게 요구할 수 있는 부분이기도 하다.

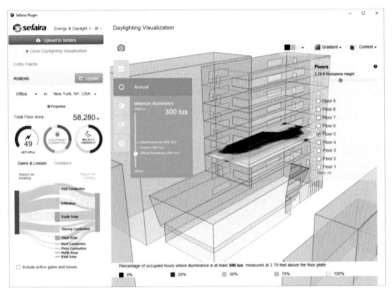

일조 분석(Corney, 2018)

BIM 기반 친환경설계는 프로젝트 초기단계부터 매스설계Mass Design에서부터 전체적인 매스 형태에 따라 일조량과 그로 인한 난방이나 전기 등의 에너지 비용까지 분석하여 최적화된 설계안 개발방향을 보다 객관적으로 도출할 수 있다.

일조 분석을 위해서 대상 프로젝트에 대한 지역과 좌표를 입력하면 각 계절별로 태양의 위치와 각도를 반영하여 일조 시뮬레이

선을 수행하고 대상 건축물에 대한 일조량을 각 층단위로도 확인할 수 있다.

국내의 한 건설사는 2,000세대가 넘는 단지의 아파트 프로젝트에 일조 분석을 통해 각 세대별 일조시간을 계산하고 이를 분양가에 반영할 수 있는 프로그램을 개발한 사례도 있다.

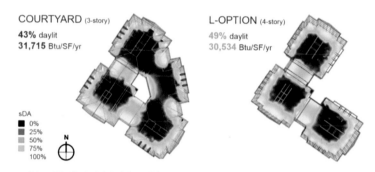

COURTYARD (3-story)
43% daylit
31,715 Btu/SF/yr

L-OPTION (4-story)
49% daylit
30,534 Btu/SF/yr

sDA
■ 0%
■ 25%
■ 50%
■ 75%
■ 100%

일조 및 에너지 분석을 통한 디자인 대안 검토 사례(Sterner, 2018)

그림은 Moseley Architect의 사례(Sterner, 2018)로 프로젝트 초기 단계에서 매스스터디와 함께 일조량 및 에너지소모량을 분석한 사례로 그림의 두 가지 대안 중 가운데 작은 Courtyard(중정)이 들어간 3층 건물의 매스 형태에 비해 4층 건물의 L자형 안이 일조 및 에너지 관점에서 더 효율적이라는 분석된 결과를 가시화하여 보여주고 있다.

더 나아가 아직 보완할 점은 많지만 LEED Leadership in Energy and Environmental Design, 녹색건축물 또는 에너지효율등급 인증을 위한 목적으로도 BIM을 활용할 수 있다. 다른 분야도 마찬가지겠지만, 특히 친환경 분석은 BIM 구축에서 부재와 자재에 대한 정확한 표현과 정보 입력이 필수적이다.

친환경 분석에서 BIM은 일종의 데이터 전처리 Preprocessing단계로 여기서 추출된 부재와 자재의 정보를 바탕으로 관련 분석 프로그램과 연계하여 시뮬레이션과 분석이 수행된다. 따라서 정확한 데이터가 BIM에 반영되어야 유효성 있는 결과가 나오는 것임을 유념할 필요가 있다.

❙ 구조 BIM

설계단계에서 건축사가 만든 초기 설계 BIM을 바탕으로 구조, 기계, 전기 등 타 분야의 BIM 모델이 구축된다. 물론 각 분야별로 전문화된 BIM 소프트웨어가 존재한다. Tekla나 Allplan 같은 프로그램들은 구조 분야에 더 특화된 것들이다.

Revit이나 ArchiCAD 같은 건축설계용 BIM 저작도구로는 구조 해석을 위한 데이터 구축 및 부재 표현의 한계가 있기 때문에─예를 들면, 철골부재 접합부에 대한 표현의 한계가 있다─건축설계용 BIM으로 만든 데이터를 받아서 구조 설계를 BIM으로 수행하고 그 데이터를 다시 받아 통합 모델을 구축하는 것으로 설계 BIM이 구축된다.

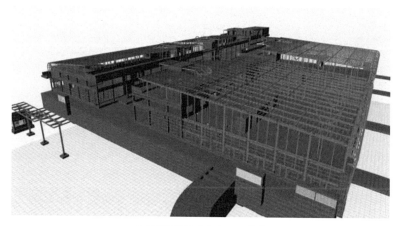

A 프로젝트 구조 BIM 사례

　구조 기술사는 건축 BIM의 구조부재를 바탕으로 구조해석과 설계를 수행하고 시공단계에서 필요로 하는 상세 수준의 철근 또는 철골 모델까지 구축할 수 있다. 철골 분야의 경우 샵드로잉은 물론 철골전문업체의 공장 제작단계까지 연계하여 CNC Computer Numerical Control 가공은 물론 레이저를 이용하여 정확한 용접 위치를 표시함으로써 정확한 부재 제작까지 지원하고 있다.

　철근 또한 상세 철근 모델링과 부재의 커팅 플랜Cutting Plan까지 지원하여 철근 선조립 공정에 활용할 수 있다. 이러한 프로세스와 연계하면 구조 BIM 수행과정을 통해서도 콘크리트 부재, 철골부재, 거푸집, 철근 등에 대한 정확한 물량 산출도 가능하다.

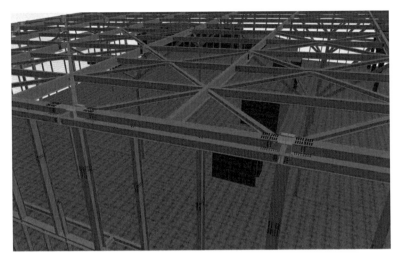

A 프로젝트 구조 BIM 사례

MEP BIM

기계Mechanical, 전기Electrical, 배관Plumbing 분야를 통칭하여 MEP 라 한다. 건축 BIM의 외피와 골조 정도의 정보만으로 주요장비, 배관, 덕트 등에 대한 MEP 분야 BIM 설계를 진행할 수 있다.

MEP 분야에 전문화된 BIM 프로그램에서는 부재나 장비에 대한 라이브러리를 통해 부재의 루트를 설정하고 장비 배치를 통해 어렵지 않게 BIM 데이터를 구축할 수 있으며, 부재에 대한 보온재 까지 BIM으로 구축할 수 있는 등 기존 단선과 기호중심의 2D 도면을 완전히 대체할 수 있을 정도의 수준까지 발전하였다.

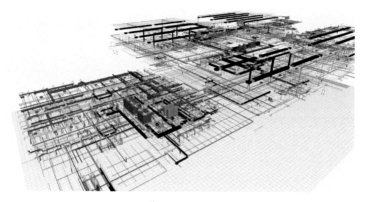

A 프로젝트 MEP BIM 사례

MEP BIM에서는 그림에서와 같이 평면, 단면, 3차원 뷰를 동시에 보면서 MEP 부재의 루트와 배치를 설정할 수 있다. 동시에 프로그램이 간섭을 발생하는 부위를 알려주고 높이값이나 루트 변경을 통해 부재 간 간섭을 바로바로 해소할 수 있다.

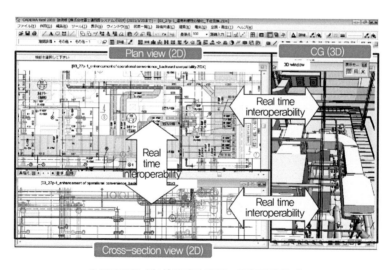

CADEWA 예시(이미지 제공 : (주)두올테크)

▌여러 사람이 같이 하는 BIM 설계 협업

나는 BIM 프로세스의 가장 큰 특징과 혁신 중 하나가 바로 협업 Collaboration이라고 생각한다. BIM은 3차원 기반 가시화Visualization 을 통해 2D 기반에서는 꿈도 꾸지 못했던 협업을 매우 효과적이고 수월하게 지원할 수 있다. 그뿐 아니라 BIM 서버를 이용하여 하나의 모델에 여러 건축사들 또는 타 분야의 엔지니어들까지도 참여하여 공동으로 작업할 수 있다.

최근에는 클라우드 서비스Cloud Service를 통해 협업의 효용성을 극대화하고 있는데, 그래피소프트Graphisoft의 BIMCloud나 오토데스크Autodesk의 BIM360이 대표적 사례들이다.

이런 클라우드 서비스는 인터넷을 통해 다른 건축사사무소의 건축사들뿐만 아니라 해외 건축사사무소 또는 프로젝트의 모든 이해당사자들과 협업도 가능하게 하고 있다.

예를 들면, 하나의 건축물을 대상으로 여러 명의 건축사들이 구역별로 또는 층별로 아니면 외장과 골조 부분을 분리하여 동시에 작업할 수 있다. 이런 환경에서는 어느 건축사가 작업하고 있는 구역 또는 모델은 다른 건축사가 볼 수는 있지만 수정은 할 수 없다. 하지만 다른 사람이 맡은 부분에 대한 설계 변경을 즉각 파악하고 자신의 설계에 반영할 수 있는 것이다.

또한 보안체계까지 더해 별도의 허가 없이는 협업 참여자가 모델을 따로 저장할 수 없도록 보안설정을 조정할 수 있다. 이러한 환경은 건축사들 간의 협업뿐만 아니라 구조, 기계, 전기 등 타 분야의 엔지니어들과 협업까지 가능하게 한다. 설계 변경이 즉각 반영될 수 있기 때문에 그야말로 동시작업Concurrent Work이 가능해 진 것이다.

이러한 사례들은 유튜브(youtube.com)에서도 'BIM Collaboration' 으로 검색하면 쉽게 찾아볼 수 있다.

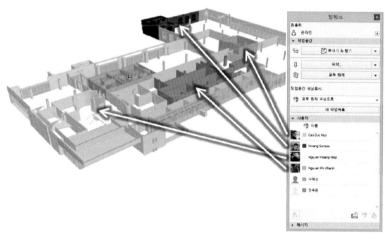

ArchiCAD의 Teamwork을 이용한 협업(이미지 제공 : 한국그래피소프트)

이러한 협업 환경은 시공단계까지 확대되고 있다. 건설사가 주 관하는 BIM 모델에 각 협력사들이 클라우드 서버를 통해 접속하 여 각 회사가 맡은 부분에 대한 시공도 또는 시공 상세를 BIM으로 작성하는 프로세스를 구축할 수 있다.

한 예로 일본의 가지마 건설은 건축 프로젝트에 대하여 전사적으로 BIM을 도입하고 있으며, 일본 국내는 물론, 한국, 필리핀, 멕시코, 세르비아 등 전 세계의 건축사사무소 또는 BIM 서비스 전문업체와 BIMCloud를 이용하여 시공도를 BIM으로 구축하는 프로세스를 운영하고 있다.

이러한 협업을 통해 건축사가 BIM 작업을 하고 난 뒤에 별도로 파일을 넘겨주면 그다음 작업을 수행하는 프로세스가 아니라, 그야말로 실시간 동시작업을 기반으로 한 협업으로 중간에 설계 변경을 그 즉시 알 수 있어 설계 조정이 동시에 이루어지고 간섭도 줄며 설계 기간도 단축할 수 있다.

▌간섭 체크 및 설계 조정

간섭 체크는 서로 다른 부재 간 겹치는 부분이 발생하거나 너무 가까이 위치해 시공하기 어려운 부위를 찾아내는 것을 의미한다. 영어로는 Clash Detection 또는 Interference Checking이라 한다.

이렇게 찾은 간섭부위는 관련 분야의 설계자들이 협의하여 설계를 조정하게 되는데, 이를 설계 조정Design Coordination이라고 하고 또는 간섭 체크와 설계 조정 개념을 합쳐서 3D Coordination이라고도 한다.

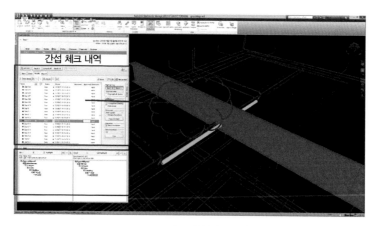

Navisworks를 이용한 간섭 체크

간섭 체크를 하기 위해서는 각 분야에서 생성된 BIM을 받아서 하나로 통합한 통합 BIM Federated BIM을 만들고 이것을 이용하여 간섭을 찾아낸다. 여기서 통합Federated이라는 의미는 여러 분야별로 각기 만들어진 BIM 데이터를 통합한 것을 의미한다.

주요 부분에 대한 간섭 검토는 설계단계에서 수행해야 할 매우 중요한 부분이다. 구조와 기계 그리고 전기 등 여러 분야에서 구축된 BIM은 통합되어 서로 다른 부재 간 간섭을 찾아내고 각 분야 간 설계 조정과정을 거치게 된다. 시공단계에서 발견된 간섭문제는 재시공이나 과도한 설계 변경으로 인한 비용 발생을 수반할 수 있기 때문에 설계단계에서 미리 찾아내고 해결하는 것이 바람직하다. 이 통합 모델을 가지고 간섭 체크 기능이 내재된 BIM 툴을 이용하여 통합 BIM을 만들어 간섭을 찾아내고 이에 대한 해결책을 모색할 수 있는 것이다.

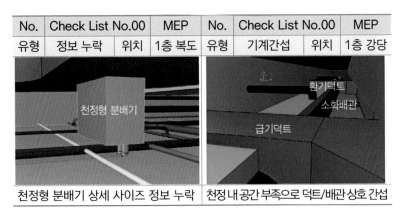

No.	Check List No.00	MEP	No.	Check List No.00	MEP
유형	정보 누락	위치	1층 복도	유형	기계간섭	위치	1층 강당
천정형 분배기 상세 사이즈 정보 누락				천정 내 공간 부족으로 덕트/배관 상호 간섭			

간섭 검토 보고서 예시

예를 들어, 그림을 보면 '간섭 체크 내역'이라고 표시된 부분이 있는데, 구조부재와 기계설비 관련 부재 간 간섭 체크를 통해 발견된 간섭 리스트이다. 각 간섭 체크 내역의 각 항목을 클릭하면 그림에서와 같이 어느 부재들이 간섭이 발생하는지 - 보와 파이프 간 간섭 발생 - 쉽게 파악할 수 있다. 기둥과 덕트가 겹치거나 오프닝이 계획되지 않은 보와 배관이 겹치는 것, 이런 것들이 간섭이다. 또 배관통과가 집중된 내력벽 부위에 대한 오프닝이 계획되어 있는지도 확인할 수 있다.

이렇게 발견된 간섭들은 관련 공종의 실무자들이 모여 배관 루트를 변경하거나 어떤 부재의 높이 조정 등을 통해 해당 부위에 대한 해결책을 논의하고 해결방안과 그 결과를 간섭내역과 함께 관리할 수 있다. 간섭내역 리스트를 보면 현재 발견된 간섭과 해결된 간섭 그리고 협의가 진행 중인 간섭 등을 관리하고 파악할 수 있으며, 그 현황을 보고서로 발행할 수 있기 때문에 간섭 체크에 활용되는 BIM 프로그램들은 매우 효과적인 설계관리 도구이기도 하다.

하지만 현실적으로 실시설계단계에서는 실제로 시공을 수행하는 전문업체들이 참여하지 않기 때문에 기계나 전기 분야의 구체적인 부재 루트가 확정되지 않아 BIM을 활용하여 합리적으로 해결하는 것에 한계가 있고, 그 밖에 다른 분야에서도 시공성 검토에 한계가 있을 수밖에 없다.

따라서 설계단계에서의 간섭 검토도 중요하지만, 시공단계에서 공사일정에 어느 정도 리드타임Lead Time을 가지고 시공 상세 수준에서 간섭 검토와 시공성 검토를 수행하는 것이 필요하다. 또는 주요 공종에 대한 전문건설사가 실시설계단계부터 참여하는 방식을 통해 이러한 문제를 더욱 효과적으로 해결할 수 있다. 이 부분은 3장에서 새로운 건설 비즈니스 방식과 BIM을 이야기하면서 다루도록 하겠다.

▌4D BIM을 이용한 공정계획 및 관리

4D BIM이란 3차원 BIM 데이터에 시간이라는 개념이 추가된 것을 의미한다. 즉, BIM과 공정계획에 대한 정보를 연계하여 가시화함으로써 공정 정보를 일관성 있고 쉽게 이해하고 공기 준수를

위한 대안 검토를 더욱 효과적으로 수행할 수 있다. 수천 개의 액티비티Activity를 보는 것보다 3차원 모델을 통해 공사과정과 일정을 보다 쉽고 효과적으로 전달할 수 있는 것이다.

BIM을 이용한 4D 공정시뮬레이션은 이미 1990년대부터 활용되었다. Microsoft Project나 Primavera P6 같은 공정관리 프로그램을 통해 만들어진 스케줄을 4D BIM으로 Import(들여오기)하고 액티비티와 BIM 객체를 매핑Mapping하여 공사일정에 따른 4D BIM 시뮬레이션을 손쉽게 구축할 수 있다.

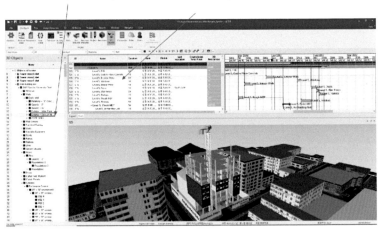

Exterior Brick과 Exterior Wall at Level 5 매핑

Synchro Pro를 이용한 4D BIM 예시

요즘 4D BIM 툴은 더 발전하여 Bexel Manager, Synchro Pro 같은 소프트웨어들은 그 내부에 스케줄링 기능을 포함하고 있어서 별

도의 공정관리 프로그램이 필요치 않다. 더 나아가 공종 간 선후행 관계 등의 로직Logic을 설정하면 BIM 객체 정보와 연계하여 액티비티가 자동으로 생성되고 그들 간 선후행 관계까지 연결된다. 이러다 보니 미국이나 유럽의 대형 건설사들은 사내 공정관리 표준 도구를 4D BIM으로 바꾸는 사례도 늘어가고 있다.

4D BIM에서는 각 액티비티의 시작일과 종료일을 기준으로 해당하는 객체가 나타나고 진도율에 따라 색깔이 바뀌기 때문에 공사과정이나 순서를 쉽게 파악할 수 있다. 따라서 공사과정에 대한 시뮬레이션 동영상도 만들고, 일, 주 또는 월별로 원하는 시간 프레임에 맞춰 공정계획을 3차원 모델을 통해 표현할 수 있다.

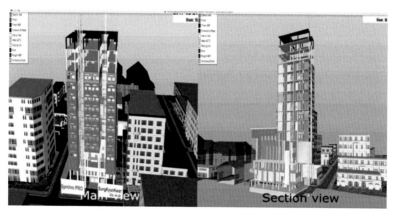

Main View를 통한 외부공사 및 Section View를 통한 실내공사 계획 검토

가시화Visualization를 통해 공정계획의 타당성을 검토하고, 다른 참여자들에게도 일정에 대한 이해를 돕고, 또 뒤처진 공기를 어떻게 만회할 것인가에 대한 검토도 효과적으로 수행할 수 있는 것이다.

발주자가 무리한 공기단축을 요구할 경우 가시화된 공정계획을 통해 요구하는 공기단축이 가능한 것인지 아니면 무리가 있는 것인지를 보다 객관적으로 파악할 수도 있다.

최근에는 크레인, 비계, 어스앵커, 스트럿, 흙막이와 같은 가설 또는 시공부재까지 BIM 데이터에 추가할 수 있기 때문에 구체화된 시공계획에 대한 4D 시뮬레이션까지 어렵지 않게 구축할 수 있다. 이뿐만 아니라 안전계획 수립 및 교육은 물론 매일매일 진행될 공정을 중심으로 안전이 유의되는 지역이나 공사과정을 사전에 안내함으로써 건설현장 안전관리 등까지 그 활용범위가 확대되고 있다.

▌공정과 견적이 포함된 5D BIM

4D BIM이 3차원 BIM 데이터에 시간이라는 정보를 더한 것이라면, 5D BIM은 4D BIM에 비용이란 정보를 더한 개념이다. 즉, BIM으로부터 4D는 물론 물량 산출과 견적까지 수행한다는 것이다. 이 부분은 BIM을 접할 때 발주자나 시공사가 가장 관심 있게 보는 부분 중의 하나이기도 하다. BIM 모델로부터 주요 부재에

대한 물량 산출이 가능하기 때문에 현재 설계안이 발주자의 예산에 맞춰 개발되고 있는지, 또 다른 설계안과 비교해서 어느 안이 더 경제적인지 판단할 수 있기 때문이다. 이 부분의 대표적인 툴로는 Vico Office와 Bexel Manager 등을 들 수 있다.

5D BIM은 BIM 부재와 그 부재에 대한 공법의 관계 설정에서 시작된다. 그림에서 Recipe로 표현된 것이 일반적으로는 요리 방법이지만 건설 분야에서는 공법이란 말로도 통한다. 사실 두 의미가 일맥상통한다. 요리법이라는 것이 식재료를 가지고 음식을 만드는 방법이니 건설에서는 공법과 같은 개념인 것이다.

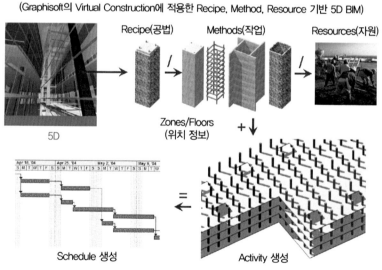

5D BIM 개념도(이미지 제공 : 한국그래프소프트)

공법Recipe은 다시 공법을 구성하는 작업Method들로 구분된다. 예를 들면, 그림에서와 같이 기둥이라는 부재를 철근콘크리트 기둥으로 할 것인지 아니면 철골기둥으로 할 것인지에 대한 공법대안 검토를 할 수 있다. 철근콘크리트의 경우 거푸집 작업, 철근배근 작업, 콘크리트 타설 작업, 기둥 마감 작업 등으로 구분되고 각 작업의 물량은 BIM으로부터 부피, 면적, 길이, 단면적 등의 정보로 추출된다. 이렇게 추출된 작업물량은 공사비단가 정보와 연계되어 재료비, 노무비, 장비비 등 직접공사비를 추출할 수 있다.

이렇게 연관된 작업정보와 작업 간 선후행 관계를 통해 BIM과 연계되면 자연스럽게 공정Activity이 생성되는 것이다. 이때 작업정보에서는 공종을, BIM에서는 위치 정보와 부재 정보를 가져오기 때문에 이들을 조합하여 액티비티의 명칭을 위치, 부재, 작업 정보의 조합을 통해 효과적으로 생성할 수 있는 것이다. 즉, 1층 기둥이라는 부재 정보와 거푸집 조립이라는 작업의 조합을 통해 1층 기둥 거푸집 조립이라는 액티비티를 생성할 수 있는 것이다.

▌5D BIM의 함정을 주의하라

이 같은 특징으로 5D BIM에 대한 관심들이 매우 크다. 특히나 발주자나 건설사 임원들은 BIM에 대한 관심을 가지면서 BIM 기반 기성관리나 진도관리까지 하고 싶어 한다. 하지만 나는 5D

BIM을 기성관리나 진도관리에 활용하는 것은 매우 힘들고 성공하기 어려운 것이라고 말리고 있다. 그 이유는 다음과 같다.

먼저 BIM만 있으면 100% 정확한 견적이 가능하다거나 모든 물량이 BIM으로부터 산출된다는 상상은 아직 이르다. 왜냐하면 현실적으로 BIM 모델 자체가 건축물의 모든 구성요소를 모델링할 수도 없고, 건축물 공사에 들어가는 세세한 부재까지 모델링하는 것은 오히려 인력과 시간 낭비이기 때문이다. 볼트나 너트 같은 부재들은 좀처럼 모델링하지 않는다. 실내 마감 부분도 미장, 방수, 페인팅, 도배, 석고보드 등 모든 마감재를 모델링하는 것은 아니다. 또한 전체 부재들을 다 모델링하는 것은 BIM 데이터 사이즈가 너무 커져서 BIM을 활용하는 것 자체가 불가능해질 수도 있다.

그래서 나는 BIM에서는 대표 부재를 모델링하는 것이라고 말한다. 실제 BIM 데이터를 구축하기 이전에 BIM 수행계획 수립을 통해 어느 정도 상세 수준으로 어떤 부재들을 BIM 데이터로 구축할 것인지를 결정해야 한다. 설계안을 효과적으로 나타내고 공사에 도움이 되는 수준에서 BIM을 구축하는 것이 중요한 것이지 모든 부재를 모델로 나타내는 것이 목적이 아니기 때문이다.

이렇게 BIM은 대표 부재 중심의 3차원 모델과 그 모델에 연계된 정보로 구성되기 때문에 비형상 정보와 함께 처리되어야 한다. 따라서 물량을 산출할 경우 어떤 물량을 BIM으로부터 직접 산출하고, 또 간접적으로 산출하며, 어떤 정보는 기존 방식으로 산출할 것인가에 대한 전략이 필요하다. 이는 어느 정도 BIM 견적에 대한 경험과 시행착오가 필요한 부분이기도 하다.

이와 관련해서 BIM 연동률이라는 용어가 사용되고 있다. BIM 연동률이란 총공사비 대비 BIM으로부터 직간접적으로 산출할 수 있는 공사비의 비율을 뜻하는데, 현실적으로 약 70% 정도 수준을 최대치로 보고 있다. 나머지 30% 이상은 기존 방식에 의존한다는 것이다. 그럼에도 BIM 견적 전문가들은 아파트공사의 경우 BIM 연동률 60~70% 정도로도 견적 정확성에 오차율 ±3% 이내에서 견적이 가능하다고 한다. 하지만 이를 위해서는 상당한 노하우와 BIM 기반 견적에 대한 프로세스가 갖추어져 있어야 한다.

BIM 기반 물량 산출과 견적은 설계단계에서 설계대안에 대한 비용 검토적인 측면에서 효과적이지만, 시공단계에서 기성관리와 연계된 5D BIM 활용은 매우 어렵다. 대표 부재 중심의 모델링에 기반을 두다 보니 BIM에서 표현되는 부재의 물량이 실제 공사 물량과 동일할 수 없다. 설계단계에서 BIM 기반 견적을 했어도 이를 기반으로 발주자와 협상을 하고 도급내역이 만들어졌을 때는 BIM 데이터와 도급내역서 정보와의 연계성이 상당히 깨져버린 상태이기 때문이다.

BIM 기반 물량 산출과 견적은 계약과 연계되지 않은 참고 정보 또는 설계단계에서 여러 가지 설계대안에 대한 비용 검토를 목적으로 활용하는 것이 바람직하다.

또한 나는 개인적으로 BIM 기반 견적은 맨 나중에 배워야 할 부분이라고 이야기한다. 즉, 많은 시행착오와 경험이 필요한 부분이라는 것이다. 물론 몇 가지 대표 부재의 물량 산출 정도는 쉽게 할 수 있지만 전체 견적을 BIM과 더불어 하고자 하면 어떤 부분을 BIM에서 추출하고 또 다른 정보를 활용할 것인가에 대한 노하우가 필요하기 때문이다.

BIM의 시작을 견적부터 하면 너무 어렵고 힘들어서 포기할 수도 있다. 이러한 이유로 시중에 BIM 기반 물량 산출 프로그램들이 개발되어 있어도 이것들이 보편화되기보다는 이 분야에 전문화된 업체에 의한 서비스형태의 업역으로 자리 잡은 이유이기도 하다.

5D BIM을 시공단계에 활용하고자 하는 사람들에게 나는 항상 시공단계에서 가장 근본적이고 중요한 BIM 활용의 목적이 무엇인지 고민해보라고 한다. 시공단계에서 BIM 활용 목적은 공사를 실제로 수행하는 전문업체들이 설계안을 효과적으로 이해하고 문제점을 조기에 파악하여 해결책을 모색하며, 시공계획과 샵드로잉을 정확하게 만들 수 있도록 지원하는 것이다. 누군가에게 보여주기 위해 BIM을 하는 것이 아니라 실질적으로 프로젝트에 도움이 되고 가치를 창출할 수 있는 것에 활용하는 것이 중요하다.

▎BIM 모델 구축 방법에 따른 물량 차이

앞에서 BIM에는 대표물량 중심으로 모델이 구축되기 때문에 모든 부재에 대한 물량을 산출하는 것이 어렵다고 했다. 하지만 그뿐만 아니라 더 나아가 3차원 객체 모델을 구축하더라도 어떤 상세 수준과 모델링 방법으로 구축했느냐에 따라 물량이 달라질 수 있다는 것도 알아야 한다.

내 연구실에서는 김성아 박사를 비롯한 연구진들과 이 부분에 대한 논문을 발표한 바 있다(이문규, 2013; Kim et al., 2019). 이 연구에서는 건축물의 실내 마감 재료에 대해 하나의 객체 모델에 여러 가지의 부재가 혼합된 복합 모델과 부재별로 독립적으로 구축된 모델을 구축하고 이들의 물량 산출의 차이가 어떻게 발생하는지 분석하였다. 그림의 왼쪽 모델은 복합 모델로 하나의 객체 모델을 통해 여러 개의 부재를 표현하는 것이고, 오른쪽의 독립 모델은 부재별로 따로따로 모델링하는 것이다. 왼쪽의 복합부재의 경우 모델링하기는 편하지만 방수처리는 벽면 끝까지 하지 않기 때문에 복합 모델의 방수면적이 실제보다 더 크게 잡힌다는 것을 알 수 있다.

이러한 이유로 복합부재로 구축된 BIM으로부터 산출된 물량은 독립부재로 구축된 모델로부터 산출된 물량보다 평균적으로는 6~9%, 일부에서는 20% 이상의 차이가 발생하는 것으로 나타났다.

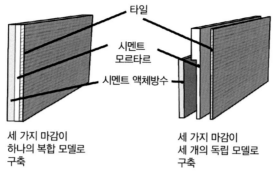

타일

시멘트
모르타르

시멘트 액체방수

세 가지 마감이
하나의 복합 모델로
구축

세 가지 마감이
세 개의 독립 모델로
구축

복합 모델과 독립 모델

　이렇게 BIM으로부터 추출된 부정확한 물량을 충분한 검증 없이 입찰 전 또는 계약 프로세스 중에 기준으로 사용하는 경우 예산이 초과되거나 예산 부족으로 인한 시공 품질 불량 그리고 건설 분쟁 등 심각한 문제가 발생할 수 있다. 세부 사항이 다른 모델로 인한 수량 불일치가 하청 업체를 포함하여 프로젝트 참여자에게 의도하지 않은 결과를 야기할 수 있다는 것을 암시하는 것이다.

　또한 다음 그림은 모델 내부 구성요소별로 실제 시공계획과 차이가 있는 부분을 식별하는 것이 중요하다는 것을 보여준다. 벽부분과 바닥부분의 마감재 시공방법에 따라 약간의 물량 차이가 발생할 수 있고 이런 사항은 수천 세대의 공동주택 공사에서는 매우 큰 물량 차이로 나타나기 때문이다.

　따라서 계약 또는 하청 계약 후에 감지할 수 있는 수량의 불일치로 인한 비용 변동 위험을 BIM을 통해 조기에 예측하는 것도 필요하다. 즉, BIM 수행계획 수립 시부터 모델 구축에 대한 상세 수준을 설정하고 결정된 상세 수준에 따른 모델 구축이 물량 산출의 정확도에 어떤 영향을 미칠 수 있는가를 미리 고려해야 한다는 점이다. BIM은 알아서 자동으로 해주는 인공지능이 아니다. 누가 어떻게 구축하느냐에 따라 가치 있는 정보가 될 수도 있고 쓰레기 정보가 될 수도 있는 것이다.

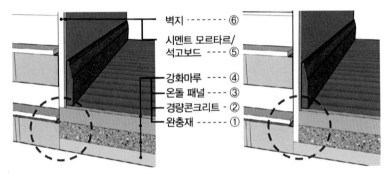

마감재 시공방법으로 인한 물량 차이 예시

02
시공단계 BIM

▍ 시공단계 BIM 활용의 근본적인 목적

시공단계에서 가장 근본적인 BIM 활용의 목적은 공사를 잘 할 수 있게 도와주는 것이다. 즉, 실제 시공을 하는 전문업체들이 BIM을 통해 설계안을 이해하고 문제점을 조기에 파악하여 시공자와 협의하여 해결책을 모색하고, BIM을 기반으로 샵드로잉을 효과적으로 만들어 계획에 따라 오차 없이 품질에 부합하는 시공을 할 수 있도록 지원하는 것이다.

설계단계에서 만들어진 설계 BIM을 바탕으로 시공단계에서 활용하는 BIM을 시공 BIM이라고 한다. 시공 BIM이 제대로 활용되기 위해서는 정확한 설계 BIM을 확보하는 것이 필수적이다. 즉,

실시설계 100% 승인도서와 BIM 데이터가 일치해야 하는 것이다. 이를 BIM과 설계도면의 정합성이라고 부른다. 어찌 보면 BIM에서 도면이 생성되니 당연한 것 아니냐 하겠지만, 아직 현실은 설계 프로세스가 BIM 설계 프로세스로 진행되지 않고, 2D 도면 중심으로 설계하고 이를 BIM으로 전환하는 형태로 수행된 경우가 많다. 이런 경우 대부분 BIM과 도면의 정합성이 제대로 확보되기 어렵다.

부정확한 BIM을 전달받은 시공사는 BIM 데이터를 신뢰할 수 없고 또 이를 보완해줄 인력이 없기 때문에 시공 BIM 활용은 매우 제한적일 수밖에 없다. 이러한 문제를 사전에 방지하기 위해서는 실시설계 100% 도면을 승인할 때 BIM과 도면의 정합성을 검증하는 것이 필요하다. 이는 발주자나 건설사업관리자의 역할이기도 하다. 설계관리의 일환으로 설계도서와 BIM 간 정합성이 확보되어 있는지 설계단계 내내 모니터링하고 이를 검증해야 한다.

시공사는 시공 BIM을 바탕으로 협력업체들과 시공성을 검토하고 문제점과 해결책을 모색한다. 확정된 부분에 대한 시공 BIM을 기반으로 전문업체는 부재 제작에 필요한 샵드로잉을 제작한다. 또 BIM으로부터 CNC 가공용 데이터를 추출하고 정확한 부재를 생산하는 데에도 활용한다. 필요에 따라 레이저스캐너Laser Scanner 기술을 이용하여 설치된 부재의 시공오차를 확인하고 그 결과를 후속공사에 관련된 부위의 시공 BIM에 반영한다.

물론 설계 BIM에서 소개한 간섭 체크, 4D BIM, 물량 산출, 견적 등을 시공단계에서도 지속적으로 수행한다. 특히 일반적인 건설 사업에서는 시공단계부터 전문건설사들이 참여하기 때문에 기계, 전기, 소화설비 부분의 부재와 장치가 확정되고 부재 경로와 배치가 설계되면 시공단계에서 MEP 부분의 BIM 구축을 통한 간섭 체크가 필수적이다. 또한 MEP 분야의 BIM은 샵드로잉을 대체할 수 있는 수준에 와 있다.

또한 건설사 관점에서 공기 준수 가능성 여부를 판단하고 공기 지연 시 만회 대책 마련, 발주자와 일정 협의 등을 위해서도 4D BIM이 필요하다. 골조, 거푸집 중의 물량 산출과 주요 자재를 중심으로 단가 정보를 연계하여 직접공사비도 산출할 수 있다.

더 나아가 시공단계에서는 부재나 장비 등의 제조사와 제품 정보가 결정되기 때문에 이 정보를 BIM 데이터에 포함하는 것이 필요하다. 왜냐하면 그 정보들이 유지관리단계에서 시설물유지 관리를 위해 필요하기 때문이다. 따라서 제품공급업체들이 자재나 설비를 납품할 때 유지관리단계에 필요로 하는 제품 정보를 전자화하여 BIM 데이터에 흡수될 수 있도록 계약에 반영하는 것이 필요하다. 앞으로 송장이 전자화된다면 송장과 더불어 제품 정보가 해당되는 BIM 부재에 자동으로 연결되는 것 또한 충분히 가능한 일이다.

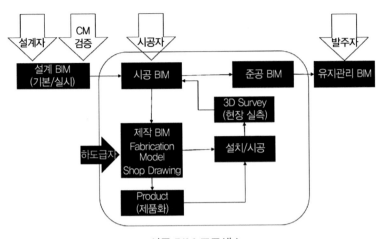

시공 BIM 프로세스

❙ BIM Room 협업

BIM 모델을 보면서 참여자들 간 문제점을 파악하고 대안을 검토하며 협업을 할 수 있는 공간을 BIM Room 협업이라 한다. 말 그대로 프로젝트 참여자들이 한자리에 모여서 BIM을 활용하여 문제를 파악하고 해결책을 모색하며 의사소통하고 협업할 수 있는 공간을 의미한다.

어떻게 보면 BIM Room은 린건설Lean Construction의 Big Room 개념에서 따온 것이라고 볼 수도 있다. 린건설의 목적은 낭비요소를 최소화함으로써 프로젝트의 가치를 극대화하는 데 그 목적을 두고 있다. Big Room이란 여러 분야의 참여자들이 합동사무실처럼 한곳에 모여 다양한 관점에서 협업하고 의사소통하고 의사결정하는 공간을 구축하여 정보의 흐름에서 재작업을 최소화하고 협업의 효율을 극대화하자는 데 그 목적이 있다.

BIM Room 협업 사례(이미지 제공 : (주)두올테크)

BIM Room 협업은 설계뿐만 아니라 시공단계에서도 매우 중요하다. 전문건설사들은 설계안을 분석하고 복합공종 간 간섭이나 부재 제작상 또는 시공상 발생할 수 있는 문제점을 찾아내는 데 BIM을 효과적으로 활용할 수 있다. 문제점 파악과 해결책 모색 그리고 대안에 대한 의사결정을 2D 도면을 가지고 할 때보다 BIM으로 할 때가 훨씬 신속하고 효과적으로 처리할 수 있다. 이러한 협업과정에 참여하여 BIM을 보고 문제점을 찾아내고 함께 협업할 수 있다면 당신은 이미 BIM을 수행하고 있는 것이다. 실제 사례에서도 전문건설사들이 BIM의 효과가 가장 좋았다고 답변한 부분이 BIM Room 협업이기도 하다. 그들은 BIM Room 협업이 없었더라면 문제 파악과 해결책 모색에 시간이 훨씬 더 소요되어 공기지연 등 큰 문제가 야기되었을 것이라고 입을 모았다.

▌BIM 시공도를 통한 실시설계 BIM 완성도 및 적정성 검토

일본의 시공사들은 실시설계도면을 검토하고 이를 보완하는데, 이것을 시공도라고 한다. 이렇게 시공도를 만들면 전문건설사들은 이를 바탕으로 샵드로잉을 만들게 된다. 일본 가지마 건설의 경우 몇 년 전까지만 해도 이 시공도를 2D CAD 도면으로 그렸는데, BIM을 도입한 이후 시공도를 그리는 데 소요되는 시간과 인력이 40% 정도 절감되었기 때문에 현재는 시공도를 100% BIM으로 구축하고 있다고 한다.

取組み概要

鉄骨-設備-内外装のBIMモデル合意 ○C D E

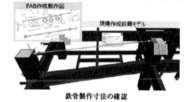
FAB作成製作図
現場作成鉄骨モデル

鉄骨-設備-内外装の統合モデル

鉄骨製作寸法の確認

成功要因	鉄骨と設備のモデル化範囲と詳細度を適切に設定 施工図化前に徹底した調整を実施	工夫点	BIM上での検討と切出した図面による検討を組合せて運用
効 果	多数の関係者が完成イメージを共有 細部の納まりも事前検討できた点	次回改善点	大規模モデルに対応したハード・ソフト・ファイル構成の改善

 ### 施工シミュレーションを通じた生産性向上 ○C D S

施工状況の可視化

工区単位の施工数量の算出

地下逆打ちの施工計画検討

膨大な規模のぶどう棚の施工計画検討

成功要因	BIMを扱える社員が施工計画全体を取り纏めた 工事系社員が率先し計画のポイントをBIMで表現	工夫点	施工計画モデルと施工図モデルを切り分けた 打合せ時にその場でモデル修正しながら検討
効 果	検討を通じ仮設費のコスト低減 検討漏れが大幅に低減し施工時の手戻り削減	次回改善点	BIMを扱える人材を増やす

 ### BIMモデルから施工図作成 ○C D S

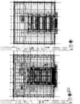

BIMモデル

躯体図・仕上図をBIMから作図

総合図をBIMから作図

成功要因	事前の統合モデルによる調整後、作図開始 施工図工への現場内講習実施(計25回)	工夫点	チームワーク機能を活用し、重複作図を低減 断面形状、レイヤーなど属性管理シートの作成
効 果	施工図一元化の実施による不整合の回避	次回改善点	複数のファイル間での属性情報の共有と管理

가지마의 BIM 시공도 사례(BIM 전문부회, 2018)

▎가설 및 시공계획 활용

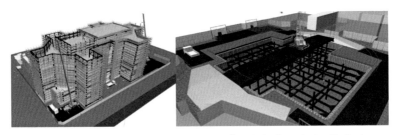

SmartCon Planner를 이용한 가설계획(이미지 제공 : (주)두올테크)

BIM은 가설 및 시공계획을 수립하는 데도 효과적으로 활용할 수 있다. 비계, 복공판, 스트럿, 어스앵커, 흙막이, 크레인, 울타리 등 다양한 라이브러리를 이용하여 가설 부재를 쉽고 효과적으로 모델링할 수 있기 때문에 시공계획, 현장배치계획, 크레인 배치계획 수립에 활용할 수 있다.

일본 가지마 건설은 시공계획상에 필요로 하는 가설공사 부재와 장비 등을 라이브러리화하고 이 부재들의 모델링을 자동화할 수 있는 프로그램 개발을 통해 시공계획 및 검토 프로세스에서 획기적인 생산성 향상 효과를 이룰 수 있었다.

▎4D BIM과 안전관리 연계

4D BIM은 시공안전관리와도 연계될 수 있다. 각 작업의 특성에

따라 예상되는 안전사고를 연계하고 일정에 따라 어떤 사고 리스크가 존재하는지를 가시화할 수 있는 것이다. 4D BIM의 시각화된 자료를 통해 안전교육을 받으면 미숙련 근로자와 외국인노동자들의 이해도를 향상시킬 수 있고, 안전교육 후 공사별 위험 지역 진입 시 자발적으로 안전에 대한 경각심이 고취될 수 있기 때문에 부주의로 일어나는 안전사고를 예방할 수 있다.

BIM을 통한 설계단계에서부터의 안전관리 모델링과 4D 시뮬레이션 안전관리는 공정 및 공종별 위험요소를 실시간으로 반영하여 시공현장의 안전관리를 할 수 있기 때문에 현장에서 발생하는 안전사고를 감소하는 데 기여할 수 있다.

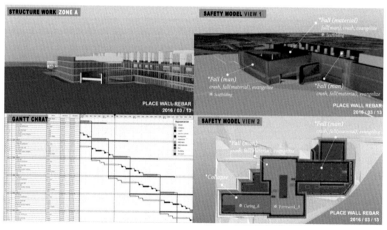

4D BIM과 안전관리 연계

▎ BIM과 디지털 레이아웃(Digital Layout)

BIM은 시공 프로세스 혁신까지 이끌어내고 있다. 측량기술과 BIM의 연계를 통해 정확한 시공을 지원하고 이는 시공과정의 변화까지 야기하고 있는데, 바로 레이아웃Layout 기술과 BIM의 연계이다.

레이아웃이란 도면대로 정확히 시공하기 위하여 현장에서 선을 긋거나 설치할 위치의 지점을 찍어내는 것을 말한다. 기존 방식에서는 레이아웃을 위해 줄자와 레이저 레벨기를 사용해왔다. 하지만 복잡한 시설물을 설치할 경우 기존 방식으로 정확한 설치 위치를 찾기가 쉽지 않다.

이제는 측량기기로 사용되어온 토탈스테이션Total Station과 BIM의 연계를 통해 현장에서 보다 쉽고 빠르게 설치위치를 잡아내고 또 설치된 부재의 시공 오차를 확인할 수 있는 기술이 개발되었다. 트림블Trimble사의 로보틱 토탈스테이션RTS, Robotic Total Station이 바로 그 예이다.

RTS는 태블릿 디바이스Tablet Device와 세트로 구성되어 태블릿에 2D CAD 도면이나 BIM 데이터를 저장한 후 RTS를 현장의 적정한 위치에 설치하고 2개의 기준점과 BIM의 2점을 일치시킨 후 시공에 필요한 정확한 위치를 찾아내는 방식으로 운영된다(김경훈, 2020).

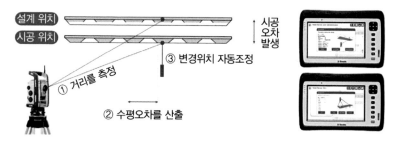

레이저 레이아웃 장비(김경훈, 2020)

이 방법은 기존 시공방식에 비해 시간과 인력투입 면에서 50% 이상의 절감효과를 가져오는 것으로 나타났으며, 프리패브화 또는 모듈러 시공을 통해 안전하고 정확한 시공에 기여할 수 있다. 특히 비정형 철골구조의 조립이나 시공오차 확인, MEP 공종의 부재설치에 효과가 큰 것으로 나타났다(김경훈, 2020).

예를 들면, 기존 방식에서는 MEP 모델에서 덕트Duct나 달대Hanger의 경우 기존에는 덕트 설치공사를 할 때 각 슬래브 바닥에 인서트Insert를 삽입하고 달대의 길이를 덕트별로 맞춰 피팅하는 절차를 거쳤다.

이제는 BIM과 RTS의 연계를 통해 슬래브 거푸집공사 시 달대 인서트를 데크플레이트Deck Plate 바닥에 정확한 위치를 잡아 미리 설치하고, 콘크리트를 타설한 후 양생이 되면 바로 슬래브 밑면에 달대부터 달고 덕트를 설치하는 프로세스가 가능하다.

BIM으로 사전에 간섭까지 확인하고 현장의 정확한 실측과 BIM 데이터를 기반으로 시공하기 때문이다. 이로 인해 덕트와 달대 제작에 대한 손율이 줄어드는 것은 물론 공사기간까지 단축되는 효과가 있는 것이다.

03
유지관리단계 BIM

BIM은 형상 정보뿐만 아니라 다양한 비형상 정보로 구성되어 있으며 설계와 시공단계 동안 수집된 정보들이 BIM를 통해 유지관리단계에서도 다양한 목적을 가지고 활용할 수 있다. 설계와 시공단계를 통해 수집된 BIM 데이터는 시설물에 대한 공간과 부재 그리고 그것들의 크기, 재료, 성능, 규격, 제조사, 제조 모델, 매뉴얼 등 부재의 다양한 속성 정보로 구성되기 때문에 이것들을 유지관리단계 동안 여러 가지 목적을 가지고 효과적으로 활용할 수 있기 때문이다.

• BIM 기반 FMS Facility Management System(시설물 관리) : 안전, 기

능, 성능 등 다양한 관점에서 시설물을 점검 및 관리, 각종 시설에 대한 조작방법 설명, 매뉴얼 등을 BIM 데이터와 연계하여 활용할 수 있다.

- BIM 기반 BEMS Building Energy Management System(건물에너지관리) : BIM과 연계하여 건축물 내 다양한 에너지 정보를 수집하고 분석하여 에너지 사용을 최적화할 수 있다. BIM을 통해 각 공간별 에너지 활용현황을 파악하며, 제4차 산업혁명 기술인 사물인터넷IoT 기술을 이용하여 에너지 활용과 관련된 각종 데이터를 실시간 수집하고 모니터링하는 것은 물론 인공지능 기술을 활용하여 최적화되고 자동화된 에너지 관리 프로세스를 구현할 수 있다.

- BIM 기반 방재Disaster 계획 : BIM을 활용하여 발생 가능한 각종 재난 리스크를 사전에 파악하고 재난 발생 시 대응책 모색과 각종 시뮬레이션을 BIM과 연계하고 이를 바탕으로 방재계획을 수립한다.

- BIM 기반 리모델링 및 철거 : 설계도면이 없거나 부정확한 건물의 경우 레이저스캐너를 통해 현 상태에 대한 데이터를 수집하고 이를 기반으로 BIM 모델을 구축한다. 이 BIM 모델을 어떤 부분을 어떻게 철거하고 또 어떤 부분을 증축할 것인지 등을 BIM을 통해 계획한다.

- BIM 기반 Asset Management(자산운영 및 관리) : Asset Management

란 FMS, BEMS, 임대관리, 보안관리 등 건축물 전반적인 관점에서 건축물의 가치를 높이고 관리하기 위한 종합적인 개념이다. BIM 데이터와 연계하여 다양한 관점에서 보다 효과적이고 효율적인 통합 자산운영 및 관리 체계를 구축할 수 있다.

　　지금 현재는 일반 건축물의 경우 BIM의 활용이 설계와 시공단계에 대부분 국한되어 있는 것이 사실이다. 유지관리단계에 대한 고려와 요구가 BIM 발주지침에도 잘 반영되어 있지 않다. 하지만 BIM 활용 범위가 시공단계까지 확대되고 BIM 활용 가치에 대한 발주자의 인식이 높아지고 있기 때문에, BIM 데이터를 유지관리 단계에서도 활용하고자 하는 요구가 늘어날 것이다.

　　특히 MICE Meetings, Incentives, Conferences, and Exhibition처럼 카지노, 호텔, 컨벤션, 극장, 전시, 쇼핑 등이 종합적으로 계획된 시설이나 유사한 대형복합상업시설, 공항 등 대형복합시설물 같은 경우 BIM을 기반으로 한 유지관리 시스템에 대한 수요가 크다. 그뿐 아니라 반도체나 최첨단 산업의 공장시설에서도 BIM을 활용한 유지관리 시스템 활용도가 높기 때문에 정확한 준공 BIM의 확보와 더불어 유지관리 활용방안에 대한 개발이 더욱 활성화될 것으로 판단된다.

　　앞으로 실제 건물만 짓는 것이 아니라 준공 시 건물과 똑같은 BIM 데이터가 발주자에게 제출될 것이다. 이것을 기반으로 4차

산업혁명 기술과 더불어 생애주기 동안 최적화된 건축물 활용을 위한 디지털 트윈Digital Twin 체계를 갖추게 되는 것이다. 이 부분에 대한 사항은 4장 'Smart 건설과 BIM'에서 다루도록 하겠다.

COBie

COBie Construction Operations Building Information Exchange는 유지관리단계에서 필요로 하는 정보를 설계와 시공 등 생애주기 동안 획득하고 이전하기 위한 정보교환 기준이다. 미육군 공병단Corps of Engineers의 건설기술연구소 William E. East 박사가 최초로 제안하였으며, 미국과 영국 등에서 유지관리단계에서 필요로 하는 정보를 BIM으로부터 추출하기 위한 목적으로 활용하고 있다(East, 2016).

COBie는 건물에 대한 디지털 정보를 가능한 한 완전하고 사용할 수 있는 형태로 담을 수 있는 스프레드시트 데이터 형식을 가지고 있어 마이크로소프트사의 엑셀 같은 프로그램에서도 활용할 수 있다. 즉, 준공 BIM으로부터 건축물에 대한 다양한 정보를 COBie 형식을 가진 엑셀 스프레드시트로 추출하고 이것들을 FMS 같은 프로그램으로 쉽게 이전시켜서 유지관리단계에서도 BIM 데이터가 효과적으로 활용할 수 있도록 고안된 표준이다. 쉽게 말해, 준공 BIM과 더불어 해당사업에서 취득한 비형상적인 정보 중 발주자들이 요구하는 정보를 COBie 형식으로 제출할 수 있다는 것이다.

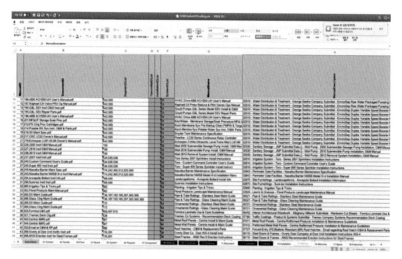

COBie 준공 BIM 데이터 예시(East, 2020)

이 기준은 국내 프로젝트에서도 활용할 수 있다. 현재 여러 BIM 소프트웨어에서도 COBie 기준을 지원하기 때문에 COBie 형식으로 내보내기Export 기능을 통해 데이터를 추출할 수 있다. 중요한 것은 유지관리단계에서 어떤 정보를 필요로 하는가를 명확히 정의하여 필요한 정보를 받을 수 있도록 사전에 지침이나 계획서상에 명시하는 것이다. 만약 COBie에서 요구하는 정보를 준공단계 막바지에 확보하려고 하면 데이터를 확보하기 매우 어려울 것이다. 설계, 시공, 커미셔닝Commissioning 단계에 걸쳐 유지관리에 필요한 데이터를 지속적으로 확보하는 것이 중요하고, 또 이를 위해서는 BIM 수행계획서에서부터 계획하고 협력업체와의 계약 시 제품이나 유지관리에 필요한 정보를 전자적으로 제출하도록 하여 준공 BIM 데이터의 일환으로 확보해놓아야 한다.

미국의 National Institute of Building Sciences에서는 발주자 관점에서 유지관리단계까지 고려한 BIM 가이드를 만들었는데, 바로 National BIM Guide for Owners이다(NIBS, 2020). 이 가이드는 건물 발주자들이 BIM을 적용하는 데 필요한 요구사항을 어떻게 도출하고 이를 계약에 반영할 것인지를 지원하는 것이 목적이다.

04

개방형 BIM 표준

▍다양한 분야의 BIM Software

앞에서 여러 가지 BIM의 대표적인 활용 분야 사례를 소개했다. 근데 또 한 가지 명심해야 할 것은 이것들이 한 가지 특정 BIM 소프트웨어에서 다 되는 것이 아니라 분야별로 사용하는 소프트웨어가 다르다는 것이다. 아마도 전체 제품을 모아보면 백여 가지 아니 수백여 가지가 될지도 모르겠다. 각 분야별로 가장 뛰어나고 인정받는 제품도 다르고, 또 시간이 흐르면서 새로운 제품이 최강자가 되기도 한다. 그렇기 때문에 특정사의 제품군들로만 BIM 프로세스를 수행한다는 것은 현실적으로 불가능하다.

결국 각 분야별로 또는 역할에 따라 또 시기적으로 사용하는

BIM 소프트웨어가 달라질 수밖에 없다. 건축사는 A사 제품으로 BIM 설계를 했지만, 구조기술사는 B사 제품으로 또 기계나 전기 분야는 C사 제품으로 수행하고 간섭 체크와 룰체크는 D사 제품, 물량 산출과 견적은 E사 제품 등으로 수행되는 것은 매우 일반적이기 때문이다.

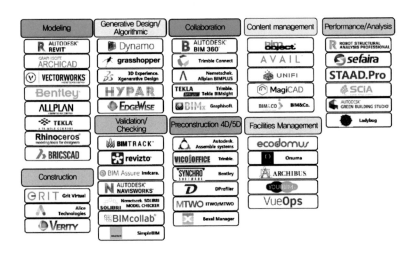

전 세계적으로 BIM 소프트웨어들은 거대 기업을 중심으로 재편성되고 있는데, 이들은 새롭게 등장한 BIM 관련 소프트웨어사를 계열사로 편입시켜 거대한 제품군을 형성하고 있다. Autodesk, Bentley Systems, Dassault Systems, Nemetschek Group, Trimble 등 5개 사가 BIM과 관련된 모든 소프트웨어와 관련 기술을 거의 다 장악하고 있다고 해도 과언이 아니다.

▌ 개방형 BIM 표준 IFC

하지만 같은 그룹에 있다고 해서 데이터 형식이 동일한 것은 아니다. 같은 그룹사 여부를 떠나서 서로 다른 소프트웨어를 사용하는 경우 이들 간 데이터 호환성Interoperability에 대한 문제점이 발생한다. 이를 해결하기 위해 마련된 기준이 바로 개방형 BIM 표준(Open BIM Standard; www.buildingsmart.org 참조)이다. 즉, BIM 프로세스에서 어떤 소프트웨어를 사용하더라도 서로 데이터 호환이 가능하도록 중립화된 표준형식인 것이다.

모든 BIM 소프트웨어는 개방형 BIM 표준인 IFC Industry Foundation Classes를 지원한다. 즉, 이 기준에 맞는 형식으로 데이터를 내보내고 또 읽어들일 수 있는 기능을 가지고 있다. 그 기준은 바로 IFC로 BIM 소프트웨어들은 IFC 형식으로 데이터를 내보내기Export하거나 들여오기Import할 수 있는 기능을 제공하고 있다.

물론 BIM 프로세스에서 이 형식만 활용하는 것은 아니다. 현실적으로 많은 BIM 소프트웨어는 IFC 외에도 DWG, DXF 또는 PDF 등 다양한 형식으로 데이터를 내보내거나 들여올 수 있는 기능 지원함으로써 서로 다른 소프트웨어 간 호환성을 지원하고 있다.

IFC는 역사가 약 20여 년이 되었으며 이제는 꽤 안정된 수준에서 BIM 소프트웨어 간 호환성을 지원하고 있다. 또한 BIM 데이터 사이즈가 일반적으로 크기 때문에 필요한 데이터를 선별적으로 내보낼 수 있는 기능도 제공하고 있다.

예를 들면, 유지관리단계에서 활용하기 위해서 관련된 부재와 정보만 선별적으로 내보내기할 수 있는 기능도 있다. 특정 사용 목적을 가지고 부분적인 데이터만 선별적으로 내보낼 수 있는 IFC 표준도 있는데, 이것을 MVD Model View Definition이라고 한다. 현재 MVD에는 설계 조정을 위한 목적의 Coordination View, FM Facility Management 관련 Application으로 BIM 데이터를 보내기 위한 Basic FM Handover View, 구조해석 프로그램으로 데이터를 보내기 위한 Structural Analysis View 등 다양한 MVD가 있으며 그 외에도 여러 가지 다양한 MVD 표준이 개발되고 있다.

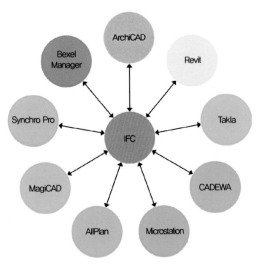

IFC를 이용한 호환성 확보

▌무료로 BIM을 볼 수 있는 IFC Viewer

일반적으로 BIM 프로젝트에서는 참여자 간 정보 공유를 위해 또는 발주자에게 성과물 제출을 위해 BIM 원본 데이터 외에도 IFC 형식의 파일을 사용한다. 따라서 BIM 소프트웨어가 없는 사람도 IFC Viewer를 이용하여 IFC 포맷으로 된 BIM 파일을 열어볼 수 있다.

현재 매우 다양한 IFC Viewer들이 존재한다. 인터넷에서 'IFC Viewer'라고 검색해보자. 상당히 많은 종류의 IFC Viewer들을 볼 수 있을 것이다. 물론 각자에게 제일 적합하다고 생각하는 도구들을 이용하여 BIM 데이터를 볼 수 있다. 이 중에는 물론 무료로 사용할 수 있는 것들도 있다.

IFC Viewer는 BIM 데이터의 형상 정보뿐만 아니라 비형상 정보도 볼 수 있다. 크기도 측정할 수 있고, 재료, 부재 코드, 그 밖에 사용자가 정의한 속성 정보도 볼 수 있다.

개방형 표준 IFC Viewer는 장기적으로는 발주자에게 매우 유용한 도구가 될 수 있다. IFC 형식으로 제출된 성과물 정보를 바탕으로 법규에 부합하는지, 발주자의 요구사항에 맞춰 필요한 정보가 포함되었는지를 확인할 수 있다. 물량 산출도 구조부재 간 중첩되는 부피나 면적이 공제되지 않아 정확성을 100% 확보할 수 없는 단점이 있지만 이런 점은 곧 보완될 것으로 기대된다.

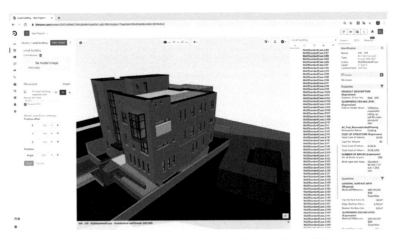

IFC Viewer(BIMSync.com)를 통한 BIM 데이터 확인

또한 IFC Viewer의 활용은 발주자에게는 특정 BIM 소프트웨어에 종속되지 않아도 된다는 장점이 있다. 건설사업을 지속적으로 발주하는 공공기관의 경우 특정 소프트웨어를 지정할 필요도 없으며, 매 프로젝트마다 설계자가 다르기 때문에 소프트웨어에 구애받지 않고 BIM 데이터를 확인하고 관리할 수 있다.

▎샘플 BIM 데이터를 얻을 수 있는 IFC 저장소(Repository)

또한 BIM 데이터를 별도로 구축하기 어려운 분들은 IFC 샘플 데이터를 무료로 얻을 수 있는 사이트가 있다. 바로 뉴질랜드의 오클랜드 대학이 운영하는 'Open IFC Model Repository－개방된

IFC 저장소(http://openifcmodel.cs.auckland.ac.nz)'이다.

이 사이트에서 다양한 IFC 파일들을 다운로드하여 IFC Viewer 로 확인해보자. 또는 여러분이 가지고 있는 BIM 소프트웨어로 들여와서Import 사용해보고, 어떤 데이터들이 있는지 확인해보며, 어떤 것이 좋고 나쁜지 비교해보는 것도 매우 흥미로울 것이다. 이런 체험이 BIM의 시작이다.

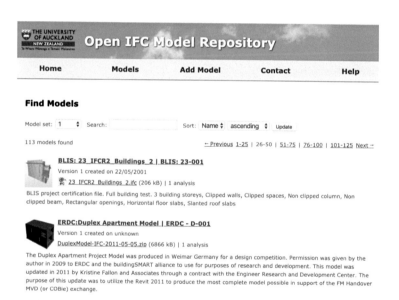

무료로 사용할 수 있는 IFC Model Repository

CHAPTER 03

BIM 비즈니스 & 케이스

01

건축설계와 BIM

▌생존을 위한 BIM(BIM for Survival)

미국의 대형 설계사무소 HOK Hellmuth, Obata+Kassabaum의 이사
회 의장인 MacLeamy는 HOK가 선도적으로 BIM을 도입한 이유에
대해서 간략히 "For survival(살아남기 위해서)"이라고 말한 바 있
다. 그는 이미 항공, 자동차, 조선 등 타 산업에서는 3차원 모델
기반 설계와 생산이 이루어지고 있는 상황인데, 왜 아직도 건축서
비스산업이 2D 도면에 집착하고 있는지 고객들은 이해하지 못하
고 있기 때문에, 건축사는 보다 나은 서비스를 제공해야 한다고
지적하였다—MacLeamy의 BIM에 대한 강의시리즈 5편은 유튜브
(youtube.com)에서 'The Future of the Building Industry'와 'HOK

Network'로 검색하면 쉽게 찾을 수 있다.

또한 소프트웨어적으로도 건축에서 3차원 모델 기반 설계가 가능한 시대이기 때문에 BIM을 지금 도입하지 못하면 건축설계 서비스 시장에서 선도적 위치를 빼앗길 위기가 왔다고 판단했다고 그 이유를 덧붙였다. 이렇듯 BIM은 고객에게 보다 발전된 고품질 서비스를 제공함으로써 건축사의 시장 경쟁력 확보에 필수적인 전략 도구가 된 것이다.

MacLeamy 의장은 2D 기반 설계 프로세스에서 문서작성에 소요되는 비설계Non-Design 시간이 약 75%를 차지하고 있어, BIM 도입은 건축사로 하여금 문서작성보다 디자인 개발에 더 많은 시간을 투자할 수 있는 장점이 있다고 강조하였다.

이렇듯 BIM 설계 프로세스는 구축된 모델로부터 다양한 도면이 생성될 수 있는데, 이는 보는 각도에 따라 평면, 입면, 단면 등 사용자가 원하는 관점에서 얼마든지 볼 수 있다.

어떤 뷰View에서든 디자인을 수정하더라도 3차원 모델을 통해 모든 뷰로 즉각 반영되기 때문에 한 가지 설계 수정에 대하여 평면, 입면, 단면 등을 일일이 다 바꿔야 하는 번거로움이 없어진다는 특징이 있다. 즉, 설계도서상이라는 오류가 없어지는 것이다.

BIM 기반 설계도서에 대한 장점은 고질적인 문제인 설계도서 상이, 누락, 미흡 등을 최소화함으로써 건축사 입장에서는 성과물 제출 이후의 오류 보완에 투입되는 인력과 시간을 최소화할 수 있으며, 설계투입원가도 줄이고, 해당 건축사사무소의 이미지 향상에도 기여할 수 있다는 것이다.

　BIM을 잘 활용하고 있는 국내 건축사들도 BIM이 주는 가장 큰 혜택 중 하나로 향상된 서비스를 통해 수주 가능성이 높아졌다는 점, 건축사로 하여금 설계도서 생성에 소요되는 시간과 인력을 효과적으로 줄일 수 있기 때문에 디자인에 더 많은 노력을 기울일 수 있다는 점, 설계 오류로 인한 재작업이나 각종 리스크를 줄일 수 있기 때문에 생산성이나 원가투입 면에서 매우 효과적이라는 점 등을 공통적으로 뽑고 있다.

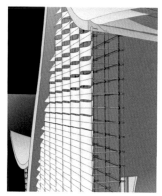 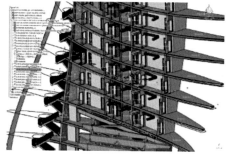

SOM BIM 사례(Yori, 2011)

　미국 SOM Skidmore, Owings & Merrill의 Robert Yori는 2011년 한국 BIM학회 세미나에서 위 그림을 보여주며 과거 2D CAD 기반 설계에서는 표현하기 어려웠던 부분들을 쉽게 표현할 수 있기 때문에

BIM은 설계도면 생성에 효과적일 뿐만 아니라 과거 CAD상에서 표현하기 어려웠던 것들을 어려움 없이 창의적인 디자인 개발에 기여할 수 있다는 점을 강조하였다.

미국 건축사사무소들은 2000년대 초반부터 본격적으로 BIM 도입을 추진해왔다. 물론 이들도 초기에는 BIM을 적용하기에 쉬운 프로젝트를 중심으로 또 BIM을 사용하고자 하는 인력들로 팀을 구성하여 BIM 설계 프로세스를 도입하였다. BIM 프로젝트를 통해 노하우와 프로세스를 구축하고 BIM 설계에 필요한 라이브러리Library와 도면 생성에 필요한 템플릿Template을 개발하였으며, BIM 설계 프로세스를 아는 사람들을 신규 프로젝트에 참여시켜 회사 전반에 BIM 설계 프로세스가 전파될 수 있는 전략으로 추진하였다.

이는 건축사사무소 최고 경영층의 BIM에 대한 확신과 이를 위한 투자와 지원이 있었기 때문에 가능하였다. 이들은 BIM 프로세스가 기존 2D CAD 기반 설계방식에 비해서 설계 초반에 더 많은 시간과 노력이 들어가지만 설계 기간 총량으로 보면 더욱 효과적이라는 점을 인식하고 있었다.

또한 단순히 BIM 소프트웨어를 설치한다고 BIM을 수행할 수 있는 기반이 갖추어지는 것이 아니라 BIM 설계 프로세스를 구축하는 것이 중요하다는 것을 이해하고 인내심을 가지고 투자와 지원을 지속한 점을 우리는 눈여겨봐야 한다.

BIM 도입상 어려운 점

Perkins + Wills의 BIM 전문가인 Ryan Dagley는 BIM 도입에서 어려운 점을 1) 소프트웨어 및 하드웨어 구매 및 업그레이드 부분에 대한 투자, 2) 템플릿과 라이브러리 개발, 3) 설계자에 대한 인식 개선 및 교육, 4) 서로 다른 분야 간 통합된 BIM 설계 프로세스 구축 등 4가지로 요약하였다. 어려운 점 1)번과 2)번은 기술이나 BIM 기반에 관련된 것이며, 3)번은 사람의 인식과 교육 그리고 4)번은 프로세스의 변화를 의미한다. 나중에 8장의 BIM 도입 전략에서 세 가지 중요한 요인으로 사람, 프로세스, 기술을 설명하는데, 이와 일맥상통하는 이야기이기도 하다.

또한 2)번 템플릿과 라이브러리 개발 부분은 설계사무소 입장에서는 BIM을 도입하는 데 매우 중요한 이슈이다. 이들이 설계하는 데 창호, 문, 가구, 계단 등의 라이브러리가 없다면 3차원 기반 BIM 설계가 매우 어려울 것이며 템플릿이 없다면 건축설계의 성과물인 도면을 만드는 것이 어렵다. 총은 있는데 총알이 없는 것과도 같은 꼴이다.

현재 BIM 관련 라이브러리나 템플릿 부분에서는 지역적 특성에 대한 고려가 미흡한 것도 문제다. 소프트웨어 판매사들이 판매에만 신경 쓰고 우리나라 국내 상황에 맞게 사용할 수 있는 부가적인 개발은 신경 쓰지 않는 것도 큰 이유이다. 라이브러리와 템플릿은 아주 기본적인 것들만 제공하고 나머지는 각 기업이 알아서 해야 하는 상황이니 특히 투자여력이 작은 회사 입장에서는 BIM 도입이 매우 어려운 상황이 되는 것이다.

라이브러리와 템플릿은 기업 차원 개발뿐만 아니라 산업 차원에서 공통으로 활용할 수 있는 기본적인 자료를 개발하고 제공하는 것이 필요하다. 각 기업이 같은 일에 반복하여 시행착오를 겪으면서 BIM을 구축하는 낭비를 줄이고 BIM 도입을 보다 수월하게 할 수 있기 때문이다. 또한 BIM 소프트웨어 판매사들도 고객 관점에서 국내 사정을 파악하고 고객들이 소프트웨어 구매 이후 프로세스를 구축하는 데 필요한 부분이 무엇인지를 파악하고 이를 지원할 수 있어야 한다.

▌BIM 전환설계

만약 여러분이 기존 2D 설계 프로세스에서 벗어나지 못하고 BIM과 기존 프로세스를 동시에 수행하고 있다면 BIM 외주 용역 업체 좋은 일만 시킨다고 생각해야 한다. 우리는 그 과정을 'BIM 전환설계'라 부른다.

BIM 전환설계에서는 설계팀은 기존 방식대로 2D CAD 기반 설계안을 만들어 BIM팀에게 주면 그것을 바탕으로 BIM을 구축한다. 그렇다 보니 BIM 기반 설계가 아니라 BIM 구축이 설계안을 뒤따르기 때문에 지속적으로 변경되는 설계안을 바로바로 BIM에 반영할 수 없다. 그 결과 실시설계 100% 도면과 제출된 BIM 성과물이 일치할 수 없는 상황이 발생하게 되는 것이다.

이러한 도면과 BIM의 불일치는 설계 이후 단계에서 BIM을 무용지물로 만든다. BIM 전환설계에서는 실시설계 100% 도면과 BIM 데이터의 정합성을 검증하지 않는 한 시공이나 유지관리단계 등 후속단계에서 BIM 활용가치는 매우 떨어지는 것이다.

이러한 이유로 특히 시공단계에서는 공기도 촉박한데 BIM을 수정할 시간과 인력은 없고, 기존 방식대로 2D 도면에 의존하여 시공 프로세스가 진행될 수밖에 없는 것이다. 그 결과 BIM에 대한 부정적 시각이 발생한다. 이는 BIM 탓이 아니라 설계 프로세스가 잘못 운영되었고, 또 설계단계 성과물에 대한 검증이 제대로 이루어지지 못한 탓이다.

▎ BIM과 도면화

BIM 활용에서 건축사에게는 정작 디자인 모델링뿐만 아니라 도면화 과정도 매우 중요하다. 왜냐하면 모델링과 도면화가 별도가 아니라, 이 두 가지가 하나의 BIM을 통해 이루어지고 최종 성과물로 도면이 BIM과 함께 제출되어야 하기 때문이다.

다행히도 제대로만 활용한다면 BIM을 이용한 도면화는 건축사가 BIM을 통해 얻을 수 있는 가장 큰 혜택 중 하나일 것이다.

BIM으로부터 도면 생성체계가 갖추어진다면 인허가도면은 물론, 실시설계도면, 착공도서까지 건축사사무소에서 설계도서 작성 부분을 외주 주지 않고도 처리가 가능하다. 외주비용이 절감되니 그것만으로도 BIM에 대한 투자 대비 회수가 발생할 수 있다. 또한 실시설계도서까지 처리할 수 있게 되니 자연히 디테일이나 기술에 대한 노하우도 축적될 것이다.

▮ 도면화를 위한 템플릿과 라이브러리

BIM에서 설계도서를 추출하기 위해서는 몇 가지 과정이 수행되어야 한다. 도면의 형식과 모양을 갖추기 위해서 펜세팅, 모델 뷰, 레이어 등 여러 가지 세팅을 통해 용도에 맞는 도면을 추출하고 여기에 자동 리스트나 자동 치수 기입 등의 기능을 더하는 과정이 필요하다.

이러한 부분을 우리는 보통 도면 생성을 위한 템플릿과 라이브러리 구축이라고 한다. 이 부분에서 라이브러리란 도면화에 필요한 각종 부호나 모양을 라이브러리화하여 재활용할 수 있도록 한 것을 의미한다. BIM에서 표현하기 어려운 2D 상세 부분도 라이브러리화하여 도면 생성 시 선택적으로 도면에 포함시킬 수 있다.

아쉽게도 템플릿과 라이브러리를 갖추기 위해서는 어느 정도

시행착오와 학습기간이 필요하다. 하지만 한번 갖추어지면 설계도서 생성에 대한 생산성을 더욱 올릴 수 있다. 이를 통해 건축사들이 더 많은 시간과 노력을 디자인에 투입할 수 있으며, 도면은 정보 조합을 기반으로 한 출력물이라 추후에 모델이 더 발전되거나 변경이 생기면 자동으로 업데이트되어 수정에 대한 부담 감소 효과 또한 볼 수 있다.

또한 복잡한 설계안에는 3차원 모델 뷰를 조합함으로써 관련자들에게 설계도서에 대한 정확한 이해를 더욱 수월하게 할 수 있다. 또한 실시설계도서까지 생성이 가능하도록 확대할 수 있기 때문에 실시설계도서 외주에 대한 비용을 절감할 수 있다.

이 같은 특징으로 건축사에게는 BIM 도입 시 도면화에 대한 고려가 필수적이다. BIM이 도면화되는 과정을 제대로 지원하지 못하면, BIM은 결국 발주자나 시공사를 위한 추가적인 서비스일 뿐 건축사에게는 별 혜택이 없거나 오히려 더 많은 부담을 야기할 수 있다. 왜냐하면 아직까지 건축사의 최종 성과물은 2D 도면인데, 이를 별도로 수행해야 하기 때문이다.

특히 실시설계도면과 승인도면까지 직접 챙겨야 하는 중소규모 건축사사무소의 건축사들에게 BIM의 도면화는 투입인력, 시간, 수익성과 직결되는 부분이다. BIM을 이용한 모델 구축은 물론이고 도면화가 얼마나 효과적으로 지원되는지, 도면화를 위해 별도의 소프트웨어를 사용해야 하는지는 건축사에게 BIM 소프트웨어

선정에서 가장 중요하게 고려해야 하는 사항 중 하나이다.

아직은 2D 상세도나 확대도 같은 디테일 표현에서 BIM의 한계 때문에 BIM에서 생성된 View로 충족시키지 못하는 부분에 대해서는 2D CAD가 어느 정도는 필요할 수 있다. 하지만 어느 정도 부분에서 2D CAD가 필요한 것과 2D CAD가 중심이 되는 것은 다르다.

▋ BIM 도면화 과정의 양면성

BIM으로부터 도면화 과정은 크게 모델링과 도면화 작업으로 나뉜다. 모델링을 실시하고 펜 두께 설정, 템플릿 적용, 버블 크기 조정 등 도면화를 위한 세팅 작업을 한 후 도면화 작업으로 이어진다.

또한 세움터에 제출하는 과정에서 지자체에서 요구하는 사항에 맞춰야 하기 때문에 도면폼과 범례 등에 대한 추가적인 세팅 작업이 요구된다.

이와 같은 세팅 작업은 BIM 소프트웨어에서 사용자의 편의성을 고려하여 얼마나 용이하게 활용할 수 있느냐에 따라서 작업시간과 투입인력에 차이가 많이 발생한다. 하지만 이러한 도면화를 위한 세팅의 번거로움은 건축사에게 BIM에 대한 의지를 꺾는 장애 요인이 될 수 있다. 도면화 세팅에 시간이 많이 소요되다 보니, 다시 2D CAD로 하는 것이 더 효과적이라는 이야기도 나오는 것이다.

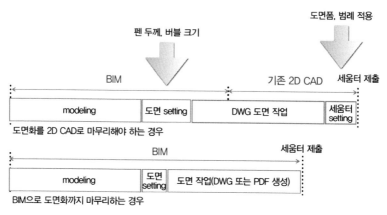

BIM 도면화 과정의 두 가지 경우(진상윤, 월간건축 2017년 4월 호)

BIM의 도면화 과정은 크게 두 가지 방법으로 나누어 생각할 수 있다.

첫 번째는 BIM 소프트웨어로 모델을 구축한 후 2D CAD를 통해 도면을 만드는 방법이다.

이 방법은 CAD를 사용해온 사용자들에겐 시작하기에 편하다고 느낄 수 있을 것이다. 하지만 BIM을 통해 모델링을 수행한 후 프로젝트마다 상당한 품을 들여 도면 세팅을 해야 도면작업으로 들어갈 수 있는 점이 단점이다.

또 최종 도면작업은 따로 기존 2D CAD 프로그램으로 보낸 후 작업해야 한다. 이 과정에서 도면화를 위한 BIM에서의 세팅이 너무 번거롭다 보니 2D CAD로 작업을 수행하는 것이 오히려 시간적으로 더 절약되어, 2D 작업비중이 점점 늘어나게 된다.

이 경우 결국 설계 초기단계의 모델링에서만 BIM이 활용되고 기존 2D CAD로 도면작업이 이루어지거나, 아예 BIM은 포기하고 SketchUp이나 Rhino 작업 후 2D CAD로 작업하는 것이 오히려 편하다라는 이야기까지 나오고 있다.

BIM을 통해 도면화에 대한 시간과 노력을 줄이고 디자인에 더 많은 시간을 투자할 수 있다는 것이 이 방법에서는 좀 어려운 현실이다. 즉, 기존 방식에 집착한 BIM의 활용은 그 효과에 한계가 분명히 있는 것이다.

두 번째 방법은 BIM 소프트웨어에서 모델 구축과 도면화 과정 두 가지를 모두 처리하는 것이다.

처음 배우기는 좀 까다로울 수 있겠지만 한번 익혀두면 도면화 작업이 매우 수월하다. 도면화까지 고려한 BIM 소프트웨어에서는 사용자의 편의성을 고려한 도면세팅을 매우 다양하게 지원하고 있어서 도면세팅에 대한 번거로움과 소요시간을 줄일 수 있다.

BIM 소프트웨어에서 2D CAD를 통한 잔작업 처리 없이도 PDF나 DWG형식 도면까지 다 처리할 수 있는 것이다. BIM으로부터의 도면화가 누구보다도 중요한 건축사에게는 제대로 된 BIM 기반 설계도서 생성 프로세스를 갖추는 것이 BIM 구축에서의 화룡점정畵龍點睛과도 같은 것이다. 같은 BIM이라도 어떤 프로세스상에서 사용하는가에 따라 그 결과가 크게 차이날 수 있는 것이기 때문이다.

BIM 기반의 도면화는 기존과는 다른 개념의 도면화를 의미하기도 한다. BIM으로부터 도면이 추출되기 때문에 BIM과 도면을 겹치도록 하는 것이 기술적으로 어려운 것은 아니다. 하지만 이 단계까지 오기 위해서는 BIM 설계 프로세스가 정착되어야 하고, 이 과정에 끈기와 노력이 필요하다.

BIM 소프트웨어를 구입한다고 저절로 BIM이 도입되는 것이 아니다. 또한 BIM 소프트웨어 개발사 입장에서도 도면화 프로세스가 좀 더 용이하게 구축될 수 있도록 국내 실정에 적합한 템플레이트와 라이브러리를 개발 및 제공해야 한다.

▌BIM 설계 프로세스 효과

나는 2015년 3월 1일 건축문화신문을 통해 BIM을 통한 투자 대비 회수 효과는 기존 방식에서 탈피하여 과감히 BIM 기반 설계 프로세스를 구축해야 달성할 수 있다고 강조한 바 있다.

2D 기반 설계 프로세스는 기본적으로 후속단계를 고려하지 않는 Push 기반 프로세스이다. 이 단계에서 설계는 애초부터 2D로 표현되고 참여자들은 여러 가지 2D를 바탕으로 머릿속에 3차원 모델을 만들어 이해하기 때문에 설계 오류 확인이 바로 이루어지지 않는다. 그렇다 보니 도면 성과물을 제출한 이후 (인허가나 시공단계에서) 설계 오류가 발견되고 이에 대한 보완작업에 상당

히 많은 인건비가 소모되고 있다. 기존 방식에서 나온 설계안을 BIM으로 전환하고 이를 다시 확인하는 과정으로 진행하는 BIM 전환설계방식은 지속적인 설계안 개발과 엇박자로 진행되어, BIM의 활용은 사후 확인 정도로 머물고 그 효과 또한 매우 제한적일 수밖에 없는 것이다.

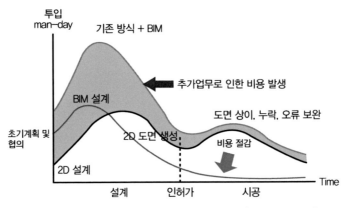

BIM 설계 프로세스와 기존 방식 고수의 차이(진상윤, 2015)

이러한 과정에서 설계도서와 BIM 모델의 동기화는 당연 불가능한 것이고 이렇게 시공단계로 넘어간 BIM 데이터는 현장소장이 신뢰하지 못하게 되어 사장되고 만다.

기존 2D 기반 설계방식이 주를 이루는 건축사사무소에서는 BIM 인력에 대한 교육과 양성도 제한적이고 BIM 인력은 디자인 핵심인력이 아닌 지원인력으로 간주될 수 있다 보니 이로 인한 동기부여 저감은 다른 기업으로의 이직을 부추기는 결과를 보이고 있기도 하다.

설계 프로세스를 BIM 중심으로 바꾸지 않는 상황에서 BIM의 도입은 오히려 추가비용만 발생되고 교육받은 직원은 사기 저하로 이직해버리니 이러한 건축사사무소에 BIM은 독이 될 수 있는 것이다.

건축사사무소가 BIM을 통해 실질적 효과를 보기 위해서는 2D가 중심이 되는 생각을 버려야 한다. 2D 기반의 설계에서 BIM 기반 설계로 바꾸어야 건축사사무소도 설계 오류 감소로 불필요한 인력 투입을 막을 수 있고 발주자에게 더 나은 서비스를 제공하며 경쟁력을 높일 수 있다.

BIM 설계로의 전환은 수주경쟁력은 물론 내부 프로세스에서 도면 생성과 인허가 이후 단계의 설계 보완 요청에 대한 인력 투입을 상당 부분 줄일 수 있는 것이다.

건축사사무소의 전사적인 BIM화는 디자인 핵심 인력의 BIM화로 이어져 타 건축사사무소와 차별화될 것이며, 건축사나 직원들도 도면이 아닌 디자인 개발에 더 많은 시간을 할애할 수 있을 것이다.

또한 BIM을 통해 개인 역량을 계발할 수 있어 건축사사무소의 인재 이탈을 막고 회사에 대한 충성도를 높이며, 인재 유입 현상까지 가져올 수 있을 것으로 예상된다. 이제 더 이상 수많은 도면을 그리고, 리스트와 목록을 만들며 수량을 세고 반복적인 작업을 하는 데 시간을 낭비하지 않아도 될 것이다. 저녁 시간이 여유로운 스마트 디자인 환경을 우리도 만들 수 있다.

02
비정형 건축물과 BIM

비정형 건축물, 영어로는 Freeform 또는 Curvilinear Architecture라고 부른다. 대표적인 건축물로는 미국 LA에 위치한 월트 디즈니 콘서트홀Walt Disney Concert Hall, 스페인 빌바오Bilbao의 구겐하임 미술관Guggenheim Museum 등을 들 수 있으며, 국내의 경우에는 성균관대학교 학술정보관, 동대문디자인플라자, 코오롱 One & Only Tower 등을 들 수 있다.

이런 건축물들은 설계안을 2D CAD로 표현하는 것도 불가능하고, 그렇게 해서는 설계안을 이해하기도 어려우며, 제대로 된 품질의 시공도 할 수 없다. 이런 건축물들은 설계단계부터 BIM을 활용하여 패널 최적화, 접합부 설계, Virtual Mock-Up, Physical Mock-up,

BIM으로부터 추출된 정보를 바탕으로 부재 제작, 레이저스캐너를 통한 시공오차 확인 등의 절차가 필요한데, 이 과정을 통칭하여 디지털 패브리케이션Digital Fabrication이라 한다.

▌월트 디즈니 콘서트홀

월트 디즈니 집안이 1987년에 기부한 5천만 달러를 기반으로 시작된 프로젝트로 우여곡절 끝에 2003년 10월에야 비로소 오픈되었다. 비정형 건축물 설계의 대가인 프랭크 게리Frank Ghery가 설계했다. 프랭크 게리는 1929년생 캐나다 출신 미국 건축가로 전 세계에 걸쳐 유명한 비정형 건축물을 많이 설계했다. 빌바오의 구겐하임 미술관, 파리의 루이비통 재단, MIT의 스타타 센터Stata Center가 대표적 작품이다.

나이에서 추정할 수 있듯이 이 분 자체가 BIM을 잘 쓰는 것은 아니라고 한다. 프랭크 게리는 주로 종이를 이용하여 초기 디자인안을 잡으며, 그 팀원들이 종이 모델을 레이저스캐너로 스캐닝하여 3차원 모델을 만들고 건축물의 외피, 구조, 공간 구성을 구체화하여 BIM 데이터를 구축한다고 한다. 바로 프랭크 게리 혼자서 이런 건축물을 설계하는 것이 아니라 그의 팀과 이들이 가지고 있는 과정을 통해 독창성 있는 건축물을 구현해내는 것이다.

월트 디즈니 콘서트홀(촬영 : 진상윤)

월트 디즈니 콘서트홀의 건축외장은 그야말로 독특함 그 자체이다. 외장을 덮기 위하여 6,500개의 스테인리스 금속 패널로 설계되었다. 외장 전체적으로 연속성 있는 곡면을 나타내기 위해서는 이를 구성하는 각 패널의 곡률이 다르면서도 그들 간 연속성이 있어야 하기 때문에 패널의 크기와 형태 그리고 곡률에 대한 계획이 설계단계부터 철저히 분석되어야 한다.

또한 패널 제작비를 고려하여 어떤 부분을 평면 패널로 할 수 있는지, 어떤 부분은 일방향 곡면 패널로, 또 어떤 부분은 이중 곡면 또는 그 이상으로 가야 하는지를 시뮬레이션하고 최적화하는 작업을 필요로 하며, 이를 패널 최적화Panelization라고 한다. 비정형 건축물에서는 필수적인 요인이다.

월트 디즈니 콘서트홀은 외피와 구조의 일체화가 잘되었다는 점에서 높은 가치를 인정받고 있다. 예를 들면, 사진의 맨 왼쪽을

외장과 실내 공간(촬영 : 진상윤)

월트 디즈니 콘서트홀 지붕외피 부분의 구조(촬영 : 진상윤)

보면 건물의 외피가 구부러져 올라가는 형태를 볼 수 있다. 그런데 가운데와 오른쪽 사진에서 보듯이 실내에서도 외피가 구부러진 방향과 같이 실내 공간이 연출되는 것을 볼 수 있다. 이렇게 되려면 외피와 구조부재가 일체화된 설계가 필요하다. 즉, 외피의 곡면을 따라 구조부재가 지지하도록 같은 패턴으로 설계해야 하는 것이다.

▌비정형 건축물 외피 시스템 구조와 지지 형식

외피와 구조의 관계는 비정형 건축물에서 매우 중요한 부분이다. 이 부분 국내 최고 전문가인 위드웍스 김성진 소장에 따르면 비정형 건축물의 외피와 구조 간의 관계를 크게 세 가지로 구분할 수 있다고 한다.

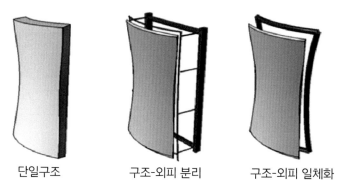

단일구조　　　　　　구조-외피 분리　　　　　구조-외피 일체화

비정형 건축물 구조와 외피의 관계 유형(이미지 제공 : 위드웍스)

첫 번째는 외피가 구조체 역할까지 하는 단일구조인데 콘크리트 쉘Shell이나 돔Dome 구조가 여기에 해당된다.

하지만 콘크리트 쉘이나 돔의 경우 외피마감 품질을 확보하기가 어렵고 특히 비정형의 경우 거푸집과 비계 같은 가설비용이 증가한다는 점이 단점이다.

단일구조의 대표적인 예로는 인천 송도 자유 공원에 있는 트라이 보울Tri-Bowl 전시관을 들 수 있다. 이 건축물은 아이아크(iarc.net)가 설계하고 한국건축문화대상 대통령상과 미국건축사협회상 그리고 BIM Awards Best Practice를 수상한 훌륭한 건축물이지만, 다음 사진을 보면 이 건물 시공과정에서 거푸집이나 비계공사 등 상당한 어려운 점들이 많았을 것이라고 쉽게 짐작할 수 있다.

송도 트라이 보울(Tri-Bowl) 거푸집 및 비계공사(위드웍스, 2008)

두 번째는 구조와 외피가 분리된 경우이다.

외피는 곡면 패널로 구성하더라도 내부 메인 구조는 라멘식 구조로 수직 기둥과 수평 보로 계획하고 패널과 메인구조를 하지구조Substructure로 연결하는 방식이다.

패널과 하지구조 부분을 편하중으로 고려하여 설계하기 때문에 구조해석과 설계는 용이하지만 그만큼 구조 부분에 대한 시공물량이 더 발생하고, 구조와 하지구조로 인하여 그 사이에 존재하는 공간이 죽어버린다는 단점이 있다.

세 번째는 구조와 외피가 일체화된 가장 이상적인 경우이다.

월트 디즈니 콘서트홀 사례처럼 외피와 구조가 일체화된 형태를 보여주는 구조이다. 경우에 따라 CNC Twisted Tube 같은 구조부재가 설계되기도 하다 보니 이 형태는 구조해석과 설계가 어렵고 정밀 시공과 철저한 관리가 필요한 어려운 점이 있다.

베이징 국립경기장(촬영 : 진상윤)

그러나 전반적으로 비정형 건축물의 경우 독창성 있는 외피가 설계되고 그 실내에는 대공간이 연출되는 경우가 많아서 구조물량이 정형화된 건축물에 비해서 많이 발생하는 경향이 있다. 그래서 나는 개인적으로 비정형 건축물을 설계하고자 할 때에는 발주자와 건축가가 비정형 건축 디자인이 정말로 필요한지 이에 대한 예산이 제대로 확보되었는지를 꼭 다시 고려해볼 필요가 있다고 생각한다. 정형화된 건축 디자인도 충분히 역사적인 가치를 가진 훌륭한 건축물을 만들 수 있다.

▎동대문디자인플라자(DDP)

동대문디자인플라자DDP, Dongdaemun Design Plaza는 이라크 출신 영국 건축가인 자하 하디드Zaha Hadid와 삼우종합건축사사무소가 설계하고 삼성물산이 시공한 우리나라의 대표적인 비정형 건축물이다.

개인적으로는 이 건축물의 디자인이 그다지 맘에 들지는 않지만 2009년 4월부터 2013년 11월까지 시공되었다는 관점에서 보면 국내 BIM 사례가 그다지 많지 않고 까다로운 건축가의 요구사항에 맞춰 패널 계획과 시공이 잘 수행된 건축물이라 평가하고 있다.

DDP를 실제로 보면 사진에서와 같이 건물 전체적으로 다양한 곡면을 연속성을 가지고 표현하고 있으며 패널과 패널 사이의 오픈조인트Open Joint의 간격이 완벽하지는 않지만 상당히 일관성 있게 시공된 것을 볼 수 있다.

동대문디자인플라자(이미지 제공 : 삼우종합건축사사무소)

DDP는 47,000여 장의 패널로 구성되어 있는데, 하나도 똑같은 패널이 없다. 그림과 같이 패널 최적화를 통해 평패널, 일방향 곡률 패널 그리고 이중 곡면 패널을 계획하였으며, 각기 다른 패널 제작을 위해 다공 프레스 공법을 개발하였다.

패널 시공에 앞서 패널 설치가 까다로운 부분을 중심으로 세 차례에 걸쳐 목업Mock-Up 모델을 만들어 패널과 접합부 시공을 위한 검증작업을 거쳤다.

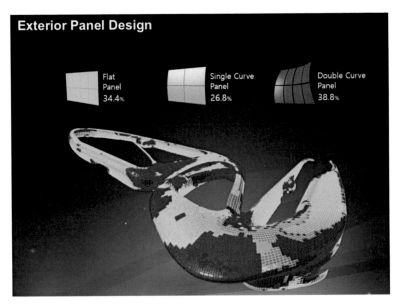

DDP 패널 최적화(이미지 제공 : 삼우종합건축사사무소)

▎ 카타르 국립박물관의 Panelization 사례

카타르 국립박물관Qatar National Museum은 프랑스 건축가 장 누벨
Jean Nouvel이 설계하고 현대건설이 시공한 건축물로 2019년 3월에
오픈하였다.

카타르의 특징인 사막장미 결정체Desert Rose Crystal로부터 영감
을 받아 설계되어 원형 디스크 형태가 얽히고설키는 디자인 특성
을 가지고 있으며, 디스크 형태를 철골부재로 지지하는 구조 시스
템으로 설계되었다.

카타르 국립박물관 전경(Baan, 2018)

카타르 국립박물관 철골공사(Qatar Museums, 2014)

이 프로젝트에서도 원형 디스크 모양을 구현하기 위하여 패널 최적화가 설계단계부터 실시되었으며 대안 검토를 통해 최적안이 결정되었다.

그림에 나타난 이 최적안은 원형 디스크를 구성할 수 있는 기본 패널의 형태와 크기가 도출되고 이것들이 360도 돌면서 원형 디스크를 덮는 형태로 개발되었다.

이 결과 카타르 국립박물관의 외장마감을 위해 50,000여 장에 대한 패널이 개발되었는데, 패널의 재료는 FRC Fiber Reinforced Concrete 로 일종의 프리캐스트 콘크리트Precast Concrete 부재이다. 이 패널들은 몰드Mold 제작을 해야 하기 때문에 총 150개의 패널 타입으로 최적화되었다고 한다. 즉, 몰드 하나당 약 300~400개의 패널을 생산하는 것이다.

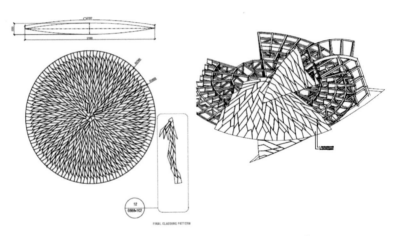

QNM의 패널 최적화 방안(QNM BIM, 2011)

▌코오롱 One & Only Tower 사례

서울 마곡나루역 근처에 가면 코오롱 One & Only Tower라는 건물이 있다. 미국 Morphosis Architects와 (주)해안건축이 설계하고

코오롱 One & Only Tower 야경(촬영 : 진상윤)

코오롱글로벌(주)이 시공한 코오롱 그룹 신사옥 건물이다. 비정형 부분과 정형 부분이 적절하게 배분되어 랜드마크적인 요인과 기능성이 잘 조화되어 개인적으로 매우 좋아하는 건축물이기도 하다.

이 건축물은 설계 초기단계에서부터 Morphosis Architects가 BIM으로 설계하였는데, 시공단계에서도 BIM이 지속적으로 활용되었다. 특히 이 건물의 정면은 서측을 향하고 있어 햇빛 차단을 하면서도 코오롱의 이미지를 표현하고, 또 반면에 실내에서 공원을 향한 조망도 가능하도록 차양이 설계되었다. 차양의 빛 차단과 태양광 노출도는 물론 서측 외피 시스템에 대한 실내 조망 그리고 외피 시스템의 구성까지 BIM으로 분석되고 구축되었다.

서측 정면의 역동적인 디자인을 구현하기 위하여 비정형 철골

구조가 설계되었는데, 각 구조부재가 서로 다른 각도로 기울어져 있어 기둥을 정확한 각도로 가공하고 정확한 위치에 시공하는 것부터가 어려운 점이었다. 그 외의 부재들 역시 특정한 기울기를 가지고 있어 평면도나 2차원 도면으로는 각 부재의 위치와 각도를 정확히 파악하기 어려웠기 때문에 BIM과 3D 스캔을 이용한 시공으로 수행하였다.

BIM을 통해 여러 차례에 걸쳐 설계 사전 검토를 시행했고, BIM을 기반으로 각 부재의 정확한 좌표값을 도출하고 이를 기반으로 제작을 했다. 부재를 제작하고 현장에서 설치하는 과정에서도 3D 스캐너를 이용하여 철골 중력에 의한 변위까지 점검함으로써 시공오차 발생을 미연에 방지할 수 있었다(코오롱 글로벌, 2018).

▍비정형 건축물 시공 불량 사례

앞에서 설명한 바와 같이 비정형 건축물의 설계 및 시공단계에서 BIM을 기반으로 한 Digital Fabrication 과정을 수행하는 것이 필수적이다. 반면 이런 과정을 거치지 않은 경우 상당히 심각한 시공 불량 결과를 볼 수 있다. 안타깝게도 이런 시공 불량 사례가 국내에도 존재하는데, 타산지석의 교훈으로 삼아 다시는 이런 결과가 반복되지 않기를 바라는 마음에서 소개한다.

바로 2014년 인천 아시안게임 경기장인 계양 경기장의 예를 들고자 한다.

이 경기장의 설계안을 보면 초기 설계단계에서는 3D CAD 도구를 사용한 것 같지만, 그 이후 BIM을 이용한 Digital Fabrication은 전혀 실시하지 않은 것으로 보인다. 시공된 사진을 보면 패널 크기나 형태에 대한 계획이 제대로 되지 않은 것이 명확히 드러나고 패널과 패널 사이 오픈조인트의 두께를 보더라도 일정하지 않으며, 현장에서 피팅과 커팅을 통해 설치한 것으로 보이는 패널도 있다.

정면 주 출입구의 커튼월 부분을 보면 볼록한 정면부를 평면유리 패널로 설치하고자 하는 경우 기본을 삼각형으로 계획하여 제작해야 함에도 불구하고 사각 평면 패널로 설치하다가 곡률이 심해 들뜸현상이 발생하는 부분만 어쩔 수 없이 반으로 잘라서 삼각형 패널로 가공한 부분이 있는 것을 볼 수 있다.

과연 이러한 시공불량 사례의 책임은 누구일까? 그런데 시공사, 설계사, 건설사업관리자 어느 특정 누구 탓도 하기 어려운 경우라고 한다. 위드웍스 김성진 소장에 의하면 공공공사 실적공사비 단가체계에 비정형 부분과 정형 부분에 대한 구분이 없기 때문에 비정형 건축물 외장공사가 정형 부분에 대해 두 배 이상 소요됨에도 정형공사의 예산으로 잡히는 것이 근본적인 원인이다.

설계시공 입찰분리 방식으로 진행된 이 공사의 경우 최저가 낙찰로 시공사가 선정되고, 또 그 도급내역을 중심으로 외장패널 등에 대한 전문업체를 선정할 때는 공종별 예산에는 Digital Fabrication을 실시할 수 있는 전문업체가 들어올 여지가 없다는 것이다.

인천 계양 경기장 설계안 및 시공사진(위드웍스, 2014)

▌ 비정형 건축설계 및 시공 시 유의점

따라서 비정형 건축물에서 이와 같은 시공불량 사례가 발생하는 것을 방지하기 위해서 위드웍스 김성진 소장은 다음과 같은 사항이 비정형 건축설계 및 시공과정에서 반드시 고려되어야 한다고 강조한다.

첫째, 비정형 곡면 분석에 의한 패널 최적화Panelization를 설계단계부터 수행해야 한다.

둘째, 패널 곡면 유형에 따라 어떤 재료가 적합할지를 검토해야한다. 예를 들면, 콘크리트 단일화 구조를 채택할지, 또는 금속 패널, 아니면 금속 시트Sheet로 할지 등에 대한 대안 검토가 필요하다.

셋째, 메인 구조 시스템과 외피를 받쳐주는 서브Sub 구조 시스템을 결정해야 한다.

넷째, 비정형 패널 공사에 대한 예산이 제대로 확보되어야 한다. 앞에서 언급한 시공 불량 사례 재발을 방지하기 위해 설계단계부터 예산을 확보하는 것이 중요하다.

다섯째, 3차원 설계 검토 및 간섭 체크 등이 가능하고 3차원 시공도 작성에 의한 제작 및 시공이 가능한, 즉 Digital Fabrication 수행이 가능한 전문시공업체를 확보해야 한다.

여섯째, Digital Fabrication을 하고 1:1 스케일의 Digital Mock-Up을 만들더라도 이것들이 실제 Mock-Up을 대체해서는 안 된다고 한다. 실제 Mock-Up을 통해 패널과 접합부 등 디테일한 부분에 대한 제작과 시공과정을 검증해야 한다. 또한 가장 어렵다고 판난되는 부분을 중심으로 Mock-Up을 통한 검증을 수행하는 것이 필수적이라고 강조하고 있다.

03
시공사와 VDC

▎BIM과 VDC

미국이나 영국의 웬만한 건설사 홈페이지를 방문하면, 그들이 제공하는 주요 서비스 중의 하나가 BIM임을 쉽게 알 수 있다. 그런데 재미있는 것은 이들 중 몇몇은 BIM과 구분하여 VDC Virtual Design and Construction라는 용어를 사용하고 있다는 점도 알 수 있다.

스탠포드 대학의 CIFE Center for Integrated Facility Engineering와 싱가포르의 BCA Building Construction Authority는 VDC를 설계, 시공, 유지관리단계에 걸쳐 BIM을 활용하여 설계안을 개발하고 여러 분야 참여자들과 협업하며, 시공관리 프로세스와 전문업체의 샵드로잉 생산 및 부재 제작과정을 지원하며 BIM을 활용하여 효과적인 시설물 관리를 수행하는 개념으로 정의하고 있다.

　이는 BIM이 3차원 모델과 관련된 정보 그리고 그것을 기반으로 협업하고 데이터를 공유하는 개념으로 정의했던 것에 비해, 전문 업체와 제작사 등을 포함하여 생애주기 동안 관련된 참여자들의 BIM 협업과 활용 범위를 확대한 것으로 해석할 수 있다.

　하지만 굳이 이 용어의 정의를 구분할 필요를 못 느낀다면 BIM 과 VDC를 동일시해도 전혀 문제가 없다.

▎ Gilbane Building Company

　Gilbane Building Company는 미국의 건축시공 분야에서 톱랭킹 에 드는 시공과 건설사업관리를 겸하는 건설사이다. 이 회사에서 BIM을 담당하는 Kevin Bredeson은 "BIM을 도입한 프로젝트에서는 RFI Request For Information가 50~70% 줄었고, 그에 따라 Change Order (계약 변경)도 줄었다. 공기는 약 10% 정도 단축시킬 수 있었으며, 비용효과는 어마어마하다. 단계마다 프로젝트 관리하는 방법을 향상시켰고, 이는 발주자에게 더 많은 가치를 전달할 수 있게 한 다."라고 BIM 도입의 효과를 평가하였다.

　여기서 RFI가 줄었다는 말은 BIM을 통해 설계도서 오류를 줄일 수 있었다는 것이다. 왜냐하면 RFI는 설계도서 오류가 발견되었을 때 이 부분을 확인하기 위해 건설사업관리자에게 문의하는 질의

Gilbane VDC 관련 역량 소개(Gilbane, 2018)

서이기 때문이다. 앞서 언급한 바와 같이 BIM으로부터 설계도면을 생성하기 때문에 도면의 일관성을 확보함으로써 오류를 대폭 줄일 수 있었다는 것이다.

Change Order는 RFI를 통해 발견된 설계 오류로 인한 설계 변경이 어느 정도 범위가 커서 계약기간이나 비용의 변경이 수반되는 계약변경을 의미하는 것으로 발주자에게는 사업상의 리스크를 의미한다.

BIM을 통해 공기가 약 10% 정도 단축되었다는 말은 크게 세 가지 요인으로 생각해볼 수 있다.

첫째, BIM을 통해 가시화함으로써 문제 파악이 용이해지고, 참여자들 간 협업을 통해 해결책을 모색하고 의사결정하는 과정이

2D 도면 기반일 때에 비해 월등히 수월해진다는 것이다.

둘째, BIM을 통해 프리패브Prefabrication화 부분을 늘림으로써 현장 시공 물량은 줄이고 설치Assembly 물량을 증가시켜 공기를 단축시킨다는 것이다.

셋째는, BIM 기반 레이저 레이아웃Laser Layout 등을 통해 시공 프로세스를 혁신적으로 개선시키고 현장 피팅 작업이 최소화되어 공기가 단축된다는 것이다.

이러한 효과로 인하여 미국과 유럽의 건설사들은 BIM을 적극 도입하고 있으며, 이에 그치지 않고 4차 산업혁명 기술까지 적극 응용하면서 드론, 레이저스캐너, 증강현실기술 등과 연계를 통한 스마트 건설 체계 도입까지 추진하고 있다. 이 내용과 관련해서는 7장에서 더 구체적으로 다루도록 하겠다.

▌LH 진주 신사옥 시공 BIM 수행 사례

국내에서 시공단계에서 BIM을 적극적으로 활용한 사례 중 하나가 LH 진주 신사옥 시공 사례이다. 2012년 11월부터 2015년 3월까지 약 26개월간 시공된 진주 신사옥 BIM 사례는 기술제안 입찰안내서상에서부터 상세한 시공 BIM 수행을 요구했으며, 시공단계 BIM 수행을 위한 별도의 예산을 확보하고 세부적인 BIM 수행계획을 바탕으로 6명에서 12명 정도의 현장 상주 BIM팀을 통해 운영한 사례이다.

이 사업에서는 현장 상주 BIM팀을 통해 기술제안 내용을 바탕으로 시공 BIM을 구축하고 현장에 BIM Room을 설치함으로써 전문업체들이 복잡한 설계안을 이해하고 문제점을 파악하는 데 큰 도움을 주었다(2장 '시공단계 BIM' 참조).

전문업체들은 BIM 데이터를 바탕으로 3D 단면 또는 2D 단면을 원하는 만큼 충분히 얻을 수 있었으며, 이를 바탕으로 문제점 파악과 해결책 모색을 위한 협업은 물론 BIM 데이터를 직접 또는 간접적으로 활용하여 샵드로잉을 만들어 부재 제작과 현장시공에 활용하였다.

진주 신사옥 BIM(이미지 제공 : (주)두올테크)

설계 특성상 철골, 커튼월, 루버 그리고 곡면 금속 패널 등의
제작에는 BIM 데이터를 직접 활용하여 정확한 부재를 생산하였
다. 또한 상부층으로 갈수록 전체 평면이 조금씩 줄어드는 Tapered
형상 디자인으로 매 층마다 슬래브 끝선이 달라지기 때문에 이
부분을 BIM을 통해 효과적으로 검토하고 시공에 반영하였다.

그 외에 MEP를 비롯한 많은 전문업체가 시공에 앞서 설계안을
이해하고 샵드로잉을 제작하는 데 효과적으로 활용하였다.

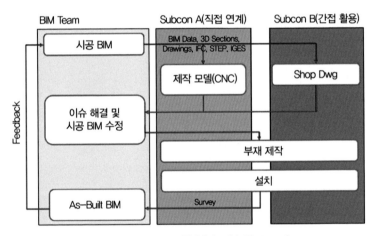

전문건설사의 BIM 활용(박규현 외, 2014)

이러한 이유로 이 사업에 참여한 전문업체들의 BIM에 대한 만
족도는 매우 높았으며, 다음과 같은 사항에 특히 만족했다고 응답
하였다.

- BIM을 통해 복잡한 설계안을 명확히 이해할 수 있었다.
- 샵드로잉 오류를 최소화하고 부재 제작의 생산성을 향상시켰다.
- 비정형 부위 및 부재에 대한 시공 리스크를 제거할 수 있었다.
- 타 공종과 연계된 복합공종 간 간섭 등의 문제점을 확인하고 해결하는 것이 용이했다.
- BIM Room을 통해 발주자, 시공자, 전문업체 등 참여자 간 의사소통을 원활히 할 수 있었다.
- 비정형 또는 곡면 부재뿐만 아니라 다양한 부재의 제작에 대한 손율을 15~60% 이상까지 감소시킬 수 있었다.
- 전문업체도 수주 경쟁력을 확보를 위해 BIM 능력을 확보하는 것이 필요하다고 느꼈다.

이 사업의 경우 나는 시공 BIM 수행에 대한 자문교수로서 시공 BIM의 정량적 가치 분석을 실시하였다. 그 결과 시공 BIM 수행을 통해 총공사비 대비 11~18% 정도에 해당하는 시공 리스크 해소에 BIM이 절대적으로 기여한 것으로 파악되었다.

이는 총공사비의 약 1% 미만이 BIM 수행 예산에 투입된 것을 바탕으로 보면 약 12~19배 정도 투자 대비 회수 효과가 발생한 것으로 볼 수 있는 것이다.

┃ BIM을 활용한 현장안전계획 승인

BIM은 시공단계 안전관리에서도 효과적으로 활용되고 있다. 그림은 미국 Turner 건설사의 사례로 뉴욕시 건축과에서 2012년에 처음으로 현장 울타리, 보호막, 크레인, 호이스트 및 기타 장비와 자재의 위치를 포함한 BIM 데이터와 도면을 통해 현장안전계획을 승인받았다는 사례이다.

BIM을 통해 현장안전계획의 적정성을 더욱 쉽고 효과적으로 파악할 수 있었기 때문에 승인시간도 단축되었고, 승인된 도면과 BIM 데이터는 모바일 장비를 통해 현장에서도 유용하게 활용되었다고 한다.

BIM 기반 안전관리 사례(Turner, 2012)

❙ BIM과 Off-Site Construction/모듈러 건축/프리패브화

요즘 건설산업에서 많이 화자되고 있는 것 중의 하나가 모듈러 Modular 건축과 OSC Off-Site Construction이다. 근데 사실 OSC, 모듈러 공법 그리고 프리패브화까지 이 세 가지가 매우 연관성이 높고 밀접한 관계가 있다.

미국 NIBS National Institute of Building Sciences의 Off-Site Construction Council에서는 OSC를 다음과 같이 정의하고 있다. "Off-Site Cnstruction 은 건축물의 시공을 보다 빠르고 효율적으로 지원하기 위하여 건물구성재에 대한 계획, 설계, 제작, 조립과정을 그것들이 최종적으로 설치되는 위치가 아닌 장소에서 수행하는 행위이다. 그런 건물 구성재는 다른 장소에서 제작된 후 현장으로 수송되거나, 또는 현장에서 조립된 후 최종 설치 장소로 이동될 수 있다. OSC는 계획과 공급사슬망까지 통합하고 최적화한 전략이라는 특성을 가진다 (OSCC, 2020)."

모듈러 공법은 "3차원 형상 프레임으로 이루어진 공간에 60~80% 정도 사전에 제작된 모듈러 유닛을 현장으로 운반 후 조립하는 공법"으로 정의하고 있다(안용한, 2017).

정의를 잘 살펴보면 OSC의 정의가 가장 큰 범위로 계획, 설계, 제작, 조립, 물류, 설치에 이르기까지 전 과정을 통칭하는 것으로 프리패브화와 모듈러 공법을 모두 아우르는 개념이라고 판단할 수 있다. 모듈러 공법 역시 프리패브화의 한 형태로 모듈러 유닛이라는 특징이 강조된 개념이라고 판단하면 된다.

이 세 가지 개념을 살펴보는 이유는 이것들이 결국 계획과 설계를 거쳐 정확하게 제작되고 계획된 일정에 맞춰 현장으로 수송되어 시공오차 없이 설치되는 과정을 거쳐야 한다. 커튼월이나 철골부재처럼 프리패브화를 하건 각 세대를 유닛화하여 주거건축물을 모듈러 공법으로 시공을 하든 또는 건물의 거의 모든 구성재를 OSC로 짓는 전략으로 수행하여 프로젝트의 가치를 극대화하든 초점의 대상과 범위의 차이이지 이를 성공적으로 수행하기 위해서는 BIM이 핵심적인 역할을 할 수밖에 없다.

그것이 OSC이든 모듈러이든 프리패브화이든, BIM이 핵심적인 정보의 캐리어Carrier이자 컨테이너Container의 역할을 한다는 것이다.

계획이나 설계단계에서부터 무엇을 모듈화하고 유닛화할 것인지에 대한 검토와 시뮬레이션을 위해서 BIM이 필요하다. 제작 또한 정밀 제작을 위해 BIM 데이터를 직접 활용하거나 BIM으로부터 추출된 데이터를 활용해야 정확한 모듈 또는 유닛을 생산할 수 있을 것이다.

시공단계에서는 이미 시공된 부분과 접합부 또는 연결재를 통해 설치되어야 하기 때문에 현재 시공상태에 대한 정확한 정보를 확보하고 시공오차를 모니터링하며 정밀 시공을 수행해야 한다. 특히 시공단계에서는 BIM과 측량기술 연계를 통하여 이러한 정밀 시공을 효과적으로 수행할 수 있는 것이다.

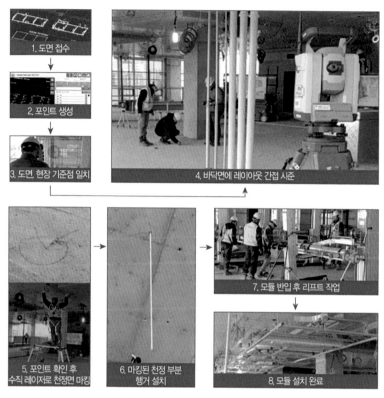

MEP 부재 모듈러 시공에 활용된 RTS 레이아웃 프로세스(김경훈, 2020)

BIM 기반 공급사슬망 관리 (BIM and Supply Chain Management)

BIM은 롱리드 아이템Long-lead item의 설계부터 제작 그리고 시공에 이르기까지 전체 공급사슬망 관리에도 효과적으로 기여할 수 있다. 여기서 롱리드 아이템이란 현장에 시공되기 오래전부터 준

비해야 하는 자재들로 설계, 목업, 샵드로잉, 제작, 출하 및 입고, 설치 등의 과정을 계획하고 관리해야 하는 자재들을 일컫는 용어 이며, 철골, 커튼월, PC Precast Concrete 등이 해당된다.

롱리드 아이템들은 값비싼 주요 자재이고 또 주공정선Critical Path 상에 있는 액티비티와 연관되어 있기 때문에, 현장에서도 공급사 슬망 관리는 물론 JIT Just-In-Time 시공을 통해 현장 야적공간 최소 화와 공기단축도 꾀하고 있다.

BIM 기반 공급사슬망 관리는 이후에 설명할 Off-Site Construction 이나 Smart Construction에서 추구하고 있는 바이기도 하다. 나는 이 개념을 (주)두올테크와 2002년부터 삼성그룹 서초 본사 사옥 프로젝트에서 RFID Radio Frequency IDentification이란 무선인식기술과 BIM을 연계하여 PMIS Project Management Information System를 구축하 고 철골과 커튼월 부재를 대상으로 적용한 바 있는데, 이 책에서는 철골부재를 대상으로 소개하고자 한다.

철골부재 공급사슬망 관리의 시작은 샵드로잉부터 시작되었다. 샵드로잉이 완성된 부재에 한하여 BIM으로 표현하였기 때문에 BIM만 보더라도 어디까지 철골부재 샵드로잉이 진행되었는지 알 수 있었다. 이어 제작, 출하 및 입고, 설치에 이르기까지 과정 동안 부재별로 RFID를 이용하여 추적관리를 하였는데, 단계별로 보면 다음과 같다.

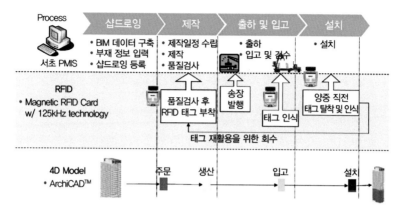

RFID와 BIM 연계 공급사슬망 관리 프로세스(Chin et al., 2008; 윤수원 외, 2011)

1. 제작단계에서는 협력업체와 철골부재별 제작일정을 PMIS를 통해 공유하고 일정에 따라 부재가 제작된다.

2. 품질검사를 받고 합격한 부재에 한하여 제작업체가 RFID 태그를 부착한다(그림 참조). 이때부터 태그와 부재 정보가 연계되어 공급사슬망의 추적관리가 시작된다. 이 단계에서 생산된 부재의 상태는 '제작 완료'로 바뀌고 그에 따라 BIM의 해당 객체에 대한 상태 정보와 색깔이 변경된다. 생산된 자재는 별도의 요청이 있을 때까지 공장에 야적된다. 이때 협력업체가 태그를 부착하고 부재 정보와 연동하기 위해서는 계약단계부터 이런 프로세스에 대한 요구가 반영되어야 한다.

3. 이후 현장 시공 진행상황에 따라 설치 일정이 되면 현장에서 PMIS를 통해 출하요청을 보내고 공장에서는 송장을 발행하고 설치 일정에 맞춰 현장으로 수송한다. 출하정보가 PMIS를

통해 관련 관리자들에게도 통보된다.

4. 현장에 입고된 부재는 RFID 태그 인식을 통해 올바른 부재가 왔는지 확인하고 자재검수를 실시한다. 검수가 완료된 자재의 상태정보는 '입고 완료'로 변경된다.

5. 설치를 위해 부재를 양중할 때 부재에 부착된 태그를 인식과 동시에 탈착하고 재활용을 위해 회수한다. 설치된 부재의 상태는 '설치 완료'로 변경된다.

철골부재에 부착된 RFID와 BIM을 이용한 진도 가시화(Chin et al., 2008)

이상의 단계와 같이 추적관리하며 공급사슬망단계별로 부재의 상태를 BIM에서 다른 색으로 표현되도록 관리하였다. 이를 통해서 BIM만 보더라도 어떤 부재가 제작되었는지, 현장에 설치되었는지, 또 입고는 되었지만 설치가 안 되었는지 등의 여러 가지 상태를 알 수 있었고, 설치된 부재를 기준으로 해당 공종에 대한 진도율을 파악할 수 있었다.

이 시스템은 2006년 당시에도 국제적으로도 상당한 혁신 성과로 인정되어 2008년 미국 FIATECH으로부터 기술혁신상을 받고 그해에 ENR Engineering News Record에 커버스토리로 소개되기까지 하였다.

현재도 이 시스템의 개념은 스마트 건설 분야에서 스마트 자재 관리, 공급사슬망 관리, 진도관리, 물류관리 관점에서 QR 코드, 비이콘Beacon, 이미지 인식Image Recognition 기술 등과 BIM 연계를 기반으로 응용되고 있다.

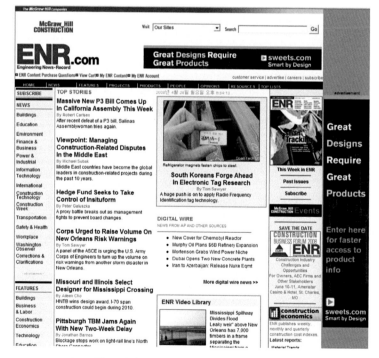

ENR에 소개된 RFID 기반 공급사슬망 관리 시스템

04

새로운 건설 비즈니스 방식과 BIM

BIM의 등장으로 발주자, 설계자, 시공자 등 여러 주체들이 보다 적극적으로 협업을 수행할 수 있는 환경이 구축되면서 새로운 건설 비즈니스 패러다임Business Paradigm이 국내외적으로 생겨나고 있다.

따라서 이번에는 IPD Integrated Project Delivery, ECI Early Contractor Involvement, 프리콘 서비스Preconstruction Service 그리고 시공책임형 CM과 BIM에 대해서 살펴보고자 한다.

▌IPD(Integrated Project Delivery)

미국 건축사협회에는 IPD를 다음과 같이 정의하고 있다.

> "IPD is a collaborative alliance of people, systems, business structures and practices into a process that harnesses the talents and insights of all participants to optimize project results, increase value to the owner, reduce waste, and maximize efficiency through all phases of design, fabrication, and construction(AIA, 2007)."

이를 우리말로 쉽게 풀어쓰면 "IPD는 설계, 제작, 시공에 이르기까지 전 과정에 걸쳐 모든 사업참여자의 재능과 통찰력을 최대한 활용함으로써 프로젝트 가치를 극대화하고 낭비를 줄이며 효용성을 극대화하기 위한 사람, 시스템, 비즈니스 구조와 실무를 협업 기반으로 묶어놓은 협의체 기반의 조달방식이다."라고 할 수 있다.

IPD는 양자 간의 계약을 기본으로 하고 있는 기존 계약방식과는 매우 다르다. 그림과 같이 기존 설계시공분리입찰의 경우 발주자가 건설사업관리자를 고용하고 설계자와 시공자를 각각 계약하며, 시공자는 다시 전문업체들과 계약한다.

이러한 계약구조에서는 각 계약당사자들이 계약 범위 내에서 각자의 이익을 최대화하기 위해 노력하고 그러다 보니 이 과정에서 분쟁도 많이 발생한다. 그에 비해 IPD는 전문업체를 포함한 사업참여자들이 각자 일정 부분의 지분을 가지고 해당 사업에 파트너로 참여하는 방식이다. 그래서 IPD를 다자 간 협약Multiple Party Agreement이라고 칭하기도 한다.

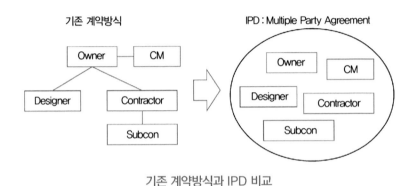

기존 계약방식과 IPD 비교

IPD는 대상 프로젝트에 대한 기본계획을 통해 사업 범위와 목표 성능을 결정하고 이를 기반으로 사업목표금액Target Cost을 발주자와 시공사 간 협상을 통해 결정한다.

공사는 실비정산방식으로 하되 실제 투입된 비용이 사업목표금액보다 작을 경우 그 차액인 수익분을 각자 지분율 만큼 이익으로 공유하는 개념이다. 그래서 IPD는 Share Rewards or Risk 방식(이익이나 손해를 나누는 방식)이라고도 한다.

또한 이 사업은 특종 공종에서 사업비예산을 남긴다고 해서 그 공종의 사업자가 이익을 취하는 것이 아니다. 어느 공종에서

남건 전체 공사비와 사업목표금액 간 차액을 지분별로 나누는 방식이다. 그러다 보니 전체 프로젝트를 위해 어떤 대안이 프로젝트 가치를 가장 높일 수 있는지에 대한 공통된 목표를 가지고 참여자들이 협업을 수행할 수 있는 것이다.

설계단계부터 주요 전문업체들이 참여하는 것이 이 사업의 또 하나의 특징이다. 구조, 기계, 전기, 소화 설비 등 주요 전문업체들이 사업초기단계부터 지분을 가지고 참여하는데, 그 이유는 이들이 실제로 시공을 수행하는 주체들이기 때문에 설계상 문제점과 대안을 제시할 수 있고 또 어떻게 하면 공사비를 절감할 수 있는가에 대한 아이디어를 설계단계부터 제시할 수 있다는 점이다.

물론 이들이 시공단계에서 해당 공종에 대한 시공을 책임지고 담당한다. 또 이들의 참여는 어떻게 설계대안을 개발해야 사업목표금액 이하로 만들 수 있을지를 가지고 추진하기 때문에 Target Value Design이라 불리기도 한다.

미국 오하이오Ohio주의 아르콘Arkon 어린이 병원의 경우 사업초기 사업목표금액을 $180million으로 잡았는데, 그 시점에서 시공사가 추정한 사업비는 이보다 거의 20%가 높은 $211million이었다고 한다. 하지만 그 이후 IPD 팀을 통해 지속적으로 설계 대안을 개발하였고 이를 통해 준공 시 $5.5million의 사업목표금액 대비 절감액을 달성할 수 있었다(Ai et al., 2015).

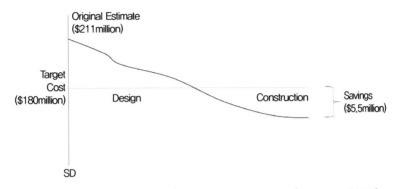

Akron Children's Hospital의 Target Value Design(Ai et al., 2015)

▎ Sutter Health Medical Center Project의 IPD 사례

미국 캘리포니아주에 소재한 Sutter Health Medical Center 프로젝트에도 IPD가 적용되었다. 이 병원의 경우 캘리포니아주의 내진 규정이 더욱 강화되면서 기존 병원건물을 해체하고 병원 신축을 해야 하는 상황이었다. 예산과 공기에 대한 부담감이 커서 사업주가 IPD를 채택한 경우이다.

이 사업은 설계 초기부터 전문업체를 포함한 11개사로 IPD 팀이 구성되었는데, 이들은 발주자, 린건설 및 BIM 컨설턴트, 건축사, 시공사, 구조 엔지니어링, 기계 엔지니어링, 전기 엔지니어링, 기계 전문건설사, 배관 전문건설사, 전기전문건설사, 소방설비 전문건설사 등이다.

이들은 공통된 프로젝트 목표를 최상의 디자인 및 공사 품질

확보, 일반적인 병원 공기 대비 30% 공기단축, 목표금액 이하 공사비 준수(Target cost $320million)에 두었다.

목표 달성을 위해 그들은 린건설의 주요 개념인 LPS Last Planner System(이후에서 설명 참조)을 통해 여러 분야 간 효과적인 협업 전략을 수립하고 재작업을 최소화하였다.

또한 BIM 중심의 설계관리, 정보 공유, 리스크 최소화는 물론 BIM 기반의 견적, 간섭 및 설계 조정, 프리패브 활용, 4D BIM 공정관리 등을 적극적으로 활용하였고 이를 위해 Big Room(2장에서 언급)을 운영하였다.

BIM과 IPD 프로세스(Sutter Health, 2018)

사실 IPD 전문가들 말에 의하면 이 조달방식은 사업리스크가 적고 관리하기 쉬운 프로젝트에는 적용할 필요가 없다고 한다. 그런 사업은 오히려 최저가 입찰 방식이 더 효과적이기 때문일 것이다. 하지만 사업리스크가 큰 경우 최저가 입찰로 낮은 가격에 시공사를 선정하더라도 설계 변경과 각종 리스크 발생으로 입찰 가격보다 훨씬 더 높은 비용을 지불해야 하는 것은 물론 사업기간도 늘어날 가능성이 매우 높다.

그렇기 때문에 IPD는 발주자 관점에서 사업리스크가 커서 운영하기 부담이 큰 경우에 많이 도입한다. 물론 최저가보다 사업목표 금액이 더 높게 잡히겠지만, 한번 결정되면 사업참여자들이 그 금액보다 낮은 비용을 실현해야만 이익을 공유할 수 있고 그렇지 못하면 잘해봐야 실비 정산으로 공사하는 것에 그치기 때문이다.

▌ECI

ECI Early Contractor Involvement는 전문건설사가 설계단계부터 참여하는 방식을 의미한다. 일반적으로 전문건설사는 시공단계에서 시공사와 계약을 해왔다. 그러다 보니 시공단계에 와서야 설계상 문제점이 드러나고 이로 인한 설계 변경과 계약변경 등이 발생하여 공사비와 공사기간, 품질 등에 대한 리스크로 연결되었다.

이러한 문제를 설계단계에서 해결하기 위해 주요 공종을 대상으로 설계단계부터 전문건설사를 참여시킴으로써 시공 리스크를 사전에 제거하고 시공단계에서 설계안에 따라 리스크 없이 공사를 수행하겠다는 것이 ECI의 목표이다. 앞에서 설명한 IPD는 전문건설사들이 설계 초기부터 참여하는 ECI이며, 이후 설명할 프리콘 서비스와 시공책임형 CM은 실시설계단계부터 참여하는 ECI 방식이다.

▎프리콘 서비스

프리콘 서비스Preconstruction Service는 발주자를 위해 실시설계단계에서 주요 공종에 대한 전문건설사 또는 그에 상응하는 기술자를 참여시켜 설계안을 검토하고 시공 리스크를 제거한 실시설계안을 개발하는 ECI 개념이 포함된 서비스를 말한다. 이 과정에서 BIM이 매우 중요한 도구로 활용되며 공사비를 절감하기 위한 각종 대안 개발과 검토도 수행된다. 이 방식은 서비스 용역으로만 수행되는 경우도 있고 또는 이를 바탕으로 발주자에게 공사비를 보장하고(GMP Guaranteed Maximum Price 방식) 책임 시공까지 하는 경우도 있다. 국내에서 GS 건설이 최초로 도입하였으며 그 이후 대우건설, 포스코건설 등 다른 시공사로 확대되고 있다.

▎시공책임형 건설사업관리

국내에서 IPD와 ECI 발주방식은 민간 공사에 일부 제한적으로 시도된 바 있지만, 시공책임형 건설사업관리의 경우 2017년부터 국가계약법 제42조에 의한 특례로서 '시공책임형 건설사업관리 방식 특례운용기준'을 규정하여, 2018년에 '시공책임형 건설사업관리'를 국가계약법으로 제도화하기로 건설산업 혁신방안을 발표하였다.

「건설산업기본법」 제2조 제9호에서는 시공책임형 건설사업관리를 다음과 같이 정의하고 있다.

> "종합공사를 시공하는 업종을 등록한 건설업자가 입찰에 참여하여 확정된 낙찰자 결정방식에 따라 시공적격자로 선정된 후, 시공 이전 단계에서 건설사업관리 업무를 시행하고, 이들 업무수행 결과를 반영하여 시공적격자가 책임질수 있는 최대 보장공사비를 협상을 통하여 사전에 확정하고 건설사업관리 및 공사에 대한 본 계약을 체결한 후, 시공단계에서는 확정된 최대 보장공사비 내에서 공사를 책임수행하고, 공사완료 후 절감액 공유를 위한 정산을 수행하는 방식"

어찌 보면 IPD를 국내 현실에 적합하도록 만든 방식이라고도 할 수 있는데, 특례법에 의거하여 LH가 현재 시범사업으로 수행하고 있다. 원 설계안을 바탕으로 실시설계단계에서 BIM을 활용하여 각종 대안 검토를 실시하고 이를 통해 개발된 공사비 절감액을 실현하면 LH와 사업자가 절감액을 공유하는 방식이다. 이 과정에서 ECI 개념을 적용하여 전문건설사의 참여를 통해 설계 품질을 향상시키고 시공성을 확보하는 것이 이 방법의 가장 큰 장점이기도 하다(김경래, 2018).

내 연구실에서는 건설사업의 발주방식별 BIM 활용 효과를 알아보기 위해 대표적 발주방식 세 가지(설계시공분리발주방식, 일괄입찰방식, 시공책임형 건설사업관리방식)를 대상으로 발주방식별 BIM 적용의 효율성을 분석하였다(김이제 외, 2019). 그 결과 시공책임형 건설사업관리방식CM at Risk이 현 시점에서는 실질적인 BIM 수행 효과를 얻기에 가장 효율적인 발주방식으로 분석되었다.

또한 시공사뿐만 아니라 전문건설사가 설계(또는 Preconstruction)단계에 참여하는 발주방식에서 BIM 적용 효과가 더욱 큰 것으로 나타났으며, 다음과 같은 방안이 필요한 것으로 조사되었다.

첫째, 시공사와 전문건설사가 중간 설계단계에 동시에 참여하는 방식과 중간 설계단계에서 시공사 참여 후 실시설계단계에 전문건설사가 참여하는 등의 다양한 조기 참여 방식이 필요하다.

둘째, 실무자들을 대상으로 전문건설사의 조기 참여를 통해 BIM 적용 효과를 높일 수 있는 공사 업종을 조사한 결과, 기계설비, 철근콘크리트, 전기, 토공사, 소방, 강구조물, 비계 및 가설, 실내건축 등의 순위로 조기 참여에 대한 기대 효과가 큰 것으로 나타났다.

전문건설사 조기 참여 기반의 BIM 발주 프로세스는 BIM 중심의 프리콘 서비스로 전문건설사의 전문성을 반영한 공종 간의 간섭 검토, 물량 산출을 통한 공사금액산정, 시공성 검토 및 VE를 통한 사업비 절감 등을 가능하게 할 것이다.

BIM의 적용 목적이나 건축물의 특성(종류, 규모, 형태 등) 및 사업방식(발주방식, 계약방식 등)에 따라 전문건설사의 설계단계

참여 시점과 조기 참여 필요 공사 업종을 발주자와 설계사 그리고 시공사의 협의를 통해 선택적으로 적용한다면, BIM 적용을 통한 프로젝트의 효율적 관리는 물론 설계 BIM과 시공 BIM의 효율적 연계가 가능할 것이다.

▌린건설

린제조업Lean Manufacturing의 개념에서 탄생한 린건설Lean Construction 은 건설산업 또는 프로젝트에서 발생하는 재료, 시간, 노력 등의 낭비를 최소화하고 인을 최소화함으로써 가치를 극대화하기 위한 방법이자 개념으로 정의되고 있다.

> "Lean construction is a way to design production systems to minimize waste of materials, time, and effort in order to generate the maximum possible amount of value(Koskela et al., 2002)."

린건설을 위해 많은 방법이 제안되고 실무에 적용되었는데, 대표적인 사례로는 IPD, ECI 그리고 LPS Last Planner System 등이 해당된다. 이들 모두 린건설 개념을 기반으로 제안된 혁신적인 프로세스이자 새로운 방법이다.

이 중 Lean Construction Institute에 의해 개발된 LPS는 IPD나 ECI 등에서도 활용되는 방법으로 설계 및 시공단계에 걸쳐 참여자 간 협업의 효용성을 극대화하기 위하여 각자 수행할 작업과 그 작업의 완성 일자 그리고 어떤 형태로 그 작업의 성과물을 후속작업에 넘겨주어야 할지를 미리 상의하고 협의하여 진행하는 방법이다.

좀 더 상위 개념으로 올라가 보면 Lean Management 관점에서 Value Steam Mapping이나 Supply Chain 개념의 Pull-Based Process 등이 모두 유사한 개념이다.

린건설의 주요 개념인 IPD, ECI, LPS를 통틀어 생각해보면 프로젝트의 주요 이해 당사자들을 가능한 한 초기단계부터 참여시키고 전체적인 프로세스와 주요 작업을 규명하며 각 작업의 성과물이 후속 작업에 용이하게 활용될 수 있도록 계획함으로써 협업 환경을 지원하고 낭비요인을 최소화하기 위한 형태로 건설 프로세스가 진화하고 있는 것을 엿볼 수 있다. 그 과정에서 BIM은 참여자 간 협업과 의사소통 프로세스 그리고 표현의 언어를 효과적으로 지원할 수 있는 전략적 도구인 것이다.

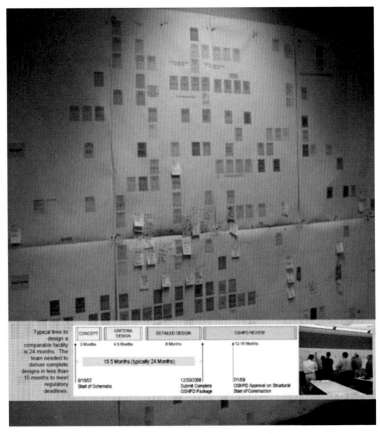

LPS 사례(Sutter Health, 2018)

외국의 사례를 보면 린건설과 BIM이 융합된 과정임을 쉽게 볼 수 있다. 이것은 BIM과 실무자들이 주도가 된 린건설 프로세스가 융화되어 있는 사례이다. 기술, 프로세스, 사람이 융화된 것이다.

4차 산업혁명과 BIM

01
Smart 건설과 BIM

정보통신기술이 융복합화된 제4차 산업혁명Industry 4.0 시대로 발전하면서 제조업 분야를 중심으로 스마트 제조Smart Manufacturing 라는 개념이 탄생하였다.

스마트 제조는 4차 산업혁명 대표기술인 최첨단 센서와 로봇, 인공지능, 정보통신기술의 융복합을 통해 생산 및 공급사슬망 전반에 걸쳐 IoT Internet of Things(사물인터넷)를 통한 실시간 데이터 수집 및 파악, AI Artificial Intelligence를 이용한 추론 및 대응, 로봇 Robot 기반 생산 등 기업생산 전 과정에 대한 계획 및 관리를 포함하여 내외적 생산 수요에 효과적으로 대응하고 생산 가치를 극대화하는 것을 의미한다(Davis et al., 2012; 한국건설관리학회, 2019).

국내외적으로 많은 국가와 기업들이 이와 같은 개념을 건설업에 적용함으로써 경쟁력과 가치를 극대화하고자 하는 노력을 기울이고 있는데, 이것이 스마트 건설 Smart Construction이다. 여기서 건설 Construction은 시공이 아닌 건설산업으로 생각하면 되겠다.

따라서 스마트 건설은 설계, 엔지니어링, 시공, 유지관리단계 등 전 생애주기에 걸쳐 IoT, 클라우드 컴퓨팅Cloud Computing, 로보틱스Robotics, VR Virtual Reality, AR Augmented Reality, 3D 프린팅, 빅데이터Big Data, AI, 웨어러블 기술Wearable Technology 등 여러 가지 기술을 적용하여 건설 프로세스를 혁신적으로 개선하고 내외적 요구사항에 효과적으로 대응하여 관련 기업 및 건설생산 프로세스 그리고 시설물의 가치를 극대화하기 위한 체계로 정의할 수 있다(한국건설관리학회, 2019).

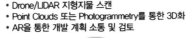

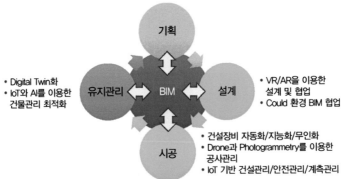

특히 BIM은 이러한 4차 산업혁명 기술들이 생애주기 동안 적용되면서 정보를 전달하고 관리하는 코아Core 데이터베이스의 역할을 하게 된다.

Point Clouds, Photogrammetry, Virtual Reality 기술을 통해 만들어진 3차원 모델이 설계단계를 통해 BIM으로 발전되고 최적화 설계를 위한 협업과 정보 공유가 수행되며, 시공단계에서는 AR이나 드론, IoT 등을 통해 수집한 정보와 BIM 데이터를 비교하여 다양한 목적의 시공관리가 이루어질 수 있다.

유지관리단계에서는 Digital Twin 개념을 바탕으로 실제 시설물과 똑같은 시설물을 가상공간 내에 구축하고 시설물의 운영상태를 IoT 센서를 통해 24시간 모니터링할 수 있다. 이를 통해 최적화된 시설물 운영은 물론 이상 징후를 조기에 파악할 수 있기 때문에 심각한 실패가 발생하기 이전에 효과적으로 대응할 수 있다.

종합해보면 스마트 건설은 프로젝트 전반적인 과정과 성과물을 최적화하고 낭비요인을 최소화하기 위하여 현재 가용한 최첨단 융복합 기술을 적극적으로 활용하는 것이다.

자 이제 4차 산업혁명의 요소기술들과 BIM이 건설 프로젝트의 생애주기 동안 어떻게 연계되어 활용될 수 있는지 살펴보자.

▌드론과 BIM

드론Drone 또는 UAV Unmanned Aerial Vehicle(무인항공기)는 3D 지형 모델이나 재개발 구역의 현재 상황을 3차원으로 모델링하는 데 매우 효과적이다. 드론 측량은 항공측량에 비해 해상도와 정밀도가 훨씬 더 뛰어난 것으로 입증되고 있다.

드론 측량의 절차는 먼저 드론의 비행경로를 설정하면 그것에 따라 드론이 비행촬영을 하고, 이후 지상에 설정된 기준점 측량 정보와 촬영된 사진들을 이용하여 3D 모델로 전환시키는 과정을 거친다.

이렇게 촬영한 2D 이미지 데이터로부터 기하학적 정보인 3D 데이터를 추출하는 기술을 사진측량법Photogrammetry이라고 한다. 드론을 통해 촬영 대상을 3차원 모델로 추출하고 그것을 BIM으로 전환시킬 수 있는 것이다. 물론 사진으로부터 추출한 3차원 모델의 오차 정도가 어느 정도인지에 따라 활용도는 달라질 수 있지만 이는 시간의 문제이지 기술의 문제가 아니다.

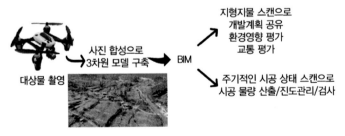

드론과 BIM 활용 방안

드론을 통해 현재의 지형과 지물에 대한 모델을 구축할 수 있기 때문에 그 위에 BIM을 얹어 개발계획안을 검토하고, 그 지역의 주민들과 의사소통하는 수단으로 매우 효과적으로 활용할 수 있다. 또한 도시계획 및 설계, 재개발계획 등에도 드론을 통해 기존 상태를 모델링하고 개발 이후의 모습을 시뮬레이션을 통해 검토할 수 있으며, 향후 주변 환경에 어떤 영향을 미칠 수 있는지를 보다 객관적이고 정량적으로 분석할 수 있다.

드론은 시공이나 유지관리단계에서도 현장의 진도관리, 시공 물량 산출, 사람이 육안으로 확인하기 어려운 부분에 대한 검사 등에 효과적으로 활용할 수 있다. 드론을 통해 촬영한 현재 상태와 BIM 데이터의 비교는 증강현실AR기술과 연계해서 진도관리 또는 시공오차 관리 등에 적용이 가능한 분야이기도 하다.

❙ VR과 BIM

VR Virtual Reality 장치를 통해 사람들이 직접 가상공간 안에 들어간 것처럼 느낄 수 있다. 설계안을 BIM으로 만들고 VR 모델을 추출한 후 VR 장비를 통해 설계된 공간을 직접 느끼고 재료나 색깔 등 여러 가지 대안을 비교하는 것이 가능하다.

또는 그 반대로 가상공간 내에서 보다 직관적으로 구조나 공간을 구축하여 가상 모델을 만들고 이것을 BIM 데이터로 추출하여 활용할 수도 있다.

　이 과정에서 발주자뿐만 아니라 다양한 이해 당사자를 가상공간으로 초대하여 현재 설계안을 설명하고 프로젝트 참여자 간 협업을 진행할 수 있다. 시공단계에서 발생하는 설계 변경은 재시공까지 이어져서 비용이 천문학적으로 들 수 있지만, VR을 이용하면 여러 가지 대안 검토를 충분히 실시하여 고객이 원하는 건축 설계안, 색상, 재료 선택 결정 등을 도출할 수 있고 시공단계에서의 설계 변경을 최소화할 수 있다.

VR 기반 Design(FFKR, 2020)

▌AR과 BIM

AR Augmented Reality(증강현실)은 VR이 한 단계 더 발전한 형태의 기술이다. AR은 내가 보고 있는 실체에 관련된 정보 또는 3차원 VR 모델을 연계하거나 겹쳐서 보여주는 기술의 의미한다.

예를 들면, 파리 한복판에서 스마트폰을 가지고 AR 앱을 이용하여 스마트폰 카메라를 통해 비추어지는 주변 건물들의 정보를 텍스트나 음성녹음 등 다양한 형태로 조회할 수 있다. 또한 내가 바라보는 방향을 중심으로 근처에 있는 식당을 조회하고, 이 중 한 곳을 선택하면 그곳까지 내비게이션 프로그램을 통해 안내받을 수 있다.

AR을 이용한 도시계획 협업(Quirk, 2017)

AR의 기본 원리는 GPS Global Positioning System를 이용하여 자신의 위치(좌표)를 파악하고 모바일기기가 향하는 방향을 인지하여 자신이 보고 있는 실세계에 관련된 정보를 데이터베이스로부터 검색하여 연계하는 것이다. 그 정보는 단순 정보뿐만 아니라 BIM과 같은 3차원 가상정보를 포함해 다양한 방법으로 연계될 수 있다.

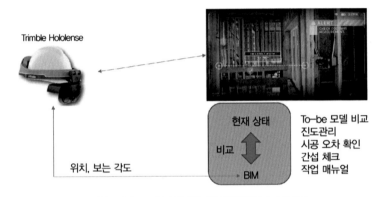

AR과 Hololens를 이용한 시공관리(SRI, 2017)

AR의 건축에 대한 응용은 기획에서 설계, 시공 및 유지관리단계에 이르기까지 무궁무진하다. 기획단계에서는 실제 대지 위에 건축물이 들어서게 되면 어떤 모양이 될지, 현재 건축물을 리모델링하게 되면 어떤 모습이 될 것인지 등을 시뮬레이션해볼 수 있으며, 실내 공간에서 가구에 대한 배치계획이나 인테리어의 대안 검토 등에도 활용할 수 있다.

앞서 그림에서와 같이 도시계획적인 측면에서도 도시 모델에 시뮬레이션 정보를 불러와 홍수 예측이나 교통량 예측 등 다양한 관점에서 협업을 지원할 수 있다. 심지어 시공단계에서는 현재 시공 상태와 BIM을 연계시켜 공사에서 누락되거나 설계와 다른 부분이 있는지를 파악할 수 있다. 유지관리단계에서는 카메라를 통해 시설 장비를 인지하고 사용 매뉴얼이나 방법을 검색하거나 시설물의 이력관리 그리고 자산관리 등에도 활용할 수 있다.

▍AI, 빅데이터 그리고 BIM

빅데이터Big Data란 일반적인 데이터베이스의 수준을 훨씬 뛰어넘는 방대한 데이터량을 바탕으로 패턴, 경향, 연관성 등을 추론하는 기술을 의미한다.

빅데이터를 이용하여 머신러닝Machine Learning이나 딥러닝Deep Learning 등의 인공지능 방법을 통해 학습시킴으로써 보다 정확하고 효과적인 예측이나 통제, 대응 등을 가능하게 한다.

요즘 AI의 대표적인 방법인 머신러닝이나 딥러닝은 다양한 형태의 상황을 수학적 모델로 변환시켜 학습시키고 이를 바탕으로 최적화된 해답을 찾아내는 방법이다. 컴퓨팅파워를 이용하기 때문에 사람이 여러 가지 대안을 분석하는 것보다 상대할 수 없을 만큼의 수많은 대안 검토를 통해 보다 최적화된 해답을 찾을 수 있는 모델을 도출할 수 있다는 것에 그 개념을 두고 있다.

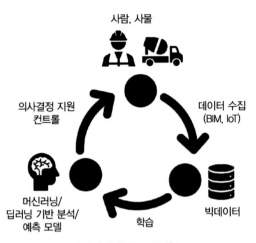

 사람, 사물

의사결정 지원
컨트롤

데이터 수집
(BIM, IoT)

머신러닝/
딥러닝 기반 분석/
예측 모델

학습

빅데이터

머신러닝 활용 프로세스

건축물이나 도시에 대한 데이터를 BIM 기반으로 지속적으로 축적하면 빅데이터를 구축할 수 있으며, 건축물이나 도시를 보다 효과적으로 이용할 수 있도록 활용할 수 있다.

예를 들면, 주어진 건축 대지에서 AI가 사선 제한이나 법규 검토를 통해 건축설계가 가능한 공간(BIM 데이터)과 면적을 산출해줌으로써 건축사의 설계시간을 대폭 감소시킬 것이다. 고객의 취향을 근거로 고객이 좋아할 만한 새로운 재료나 제품을 검색하고 색상을 제시할 수 있을 것이다. 복잡한 구조설계, 기계나 전기 분야의 설계에서도 각종 부재들의 배치 경로와 높이값 결정을 자동화하고 간섭 없는 설계안을 BIM 데이터로 도출할 수 있을 것이다.

시공단계에서는 현장에 설치된 각종 IoT를 통해 다양한 정보를 수집함으로써 시공이 계획대로 진행되고 있는지, 건설근로자가 안전한 환경에서 작업하고 있는지, 건설장비의 운영은 적정한 생산성을 보이고 있는지, 타워크레인은 구조적 이상 없이 작동되고 있는지, 현장 및 주변의 작업차량의 움직임이 적정하게 진행되고 있는지를 모니터링하고 이상 징후가 보일 경우 선제 대응이 가능하도록 의사결정을 지원할 수 있을 것이다. 수집된 정보는 BIM과 연계하여 나타날 것이며 어느 구역 또는 층에서 리스크가 발생할 수 있는지도 쉽게 파악할 수 있도록 가시화될 것이다.

유지관리단계에서는 건물운영에 관련된 각종 데이터를 기반으로 머신러닝을 통해 건축물 통제 시스템이나 도시 환경 관리 시스템 등을 학습시킬 수 있고 24시간 내내 보다 쾌적한 환경 개선에 활용할 수 있어 건물의 자산가치를 보다 향상시킬 수 있을 것이다.

이렇게 인공지능은 건축물의 설계, 엔지니어링, 시공 그리고 유지관리단계에서 다양한 관점에서 의사결정을 지원하는 뛰어난 보조자의 역할을 담당할 것이다.

▌IoT와 BIM

IoT Internet of Things는 우리말로는 사물인터넷이라고 불린다. 이전까지 인터넷을 대부분 사람과 정보, 사람과 사람 그리고 사람과 비즈니스를 연결하는 데 활용하였다면, IoT는 사람, 데이터, 사물을 서로 연결하는 개방되고 글로벌한 네트워크 세계를 만들고 있는 것이다.

우리는 이미 TV, 세탁기, 냉장고 등 가전제품들이 인터넷을 통해 연결되어 있으며, 자동차 또한 기계장치에서 전기장치화되면서 자동차 간 통신을 통해 교통 시스템이 획기적으로 변신할 것이라는 것을 알고 있다. 미국 가트너Gartner사에 의하면 2020년에는 58억 개의 IoT가 사용될 것이라고 예측하고 있다(Gartner, 2019). 이렇듯 4차 산업혁명 기술을 통해 사람과 모든 사물이 서로 연결되어가는 시대로 변하고 있는 것이다.

IoT는 센서를 포함한 컴퓨터 하드웨어, 클라우드 컴퓨팅 환경, 데이터 분석 그리고 양방향 상호작용으로 구성된 구조를 가진다. 센서를 통해 수집된 데이터를 AI(머신러닝 또는 딥러닝)를 이용하여 구축한 예측 또는 제어 모델을 통해 다시 IoT를 통해 대상 사물을 제어할 수 있다. 데이터 분석과 제어가 클라우드 환경에서 이루어지기 때문에 인터넷이 되는 곳이면 어디에서든지 사물과 연결이 되는 것이다.

▌디지털 트윈

IoT와 빅데이터, AI 그리고 BIM의 연계는 디지털 트윈Digital Twin 이라는 형태로 나타나 건축물 생애주기 동안 다양한 형태로 응용될 수 있다. 캐나다 오타와 대학의 Saddik 교수(2018)는 Digital Twin

을 생명체 또는 비생명체에 대한 디지털 복제물로 정의하고 있다.

트윈Twin이란 우리말로 쌍둥이이듯이 실제 존재하는 것과 동일한 것을 디지털 공간, 즉 가상공간에 만든다는 것이다. 이것을 기반으로 사전 시뮬레이션을 통해 최적화된 운영계획을 세우거나 유지관리 및 운영상 발생할 수 있는 각종 리스크에 선제 대응할 수 있는 체계를 만들 수 있다는 개념이다.

GE General Electric사는 디지털 트윈의 개념을 발전소의 가스터빈에 적용하여 엔진 상태, 하중, 환경 등 내외적 데이터를 모니터링하여 엔진 가동 실패를 방지하고 적정한 유지관리 시기를 결정하는 데 적용하였다(GE, 2018).

그 밖에도 디지털 트윈의 대표적인 사례로는 NASA The National Aeronautics and Space Administration의 우주선 장비 제어 및 운영 지원, Chevron사의 정유시설 장비의 효과적인 운영 및 관리, 의료산업에서 환자에 대한 24시간 모니터링 및 원격진로, F1 자동차 경주에서 운전 시뮬레이션을 통한 자동차 및 드라이너의 성능 향상, 싱가포르의 디지털 트윈 도시 등을 들 수 있다(Marr, 2019).

이 중 싱가포르의 디지털 트윈은 7천3백만 달러짜리 프로젝트로 싱가포르 전체에 대한 3차원 모델을 구축하는 것으로 이것을 통해 도시계획 및 의사결정은 물론 이 데이터를 통해 민간사업자나 연구개발 측면에서도 활용하게 할 계획이라고 한다(Wassell, 2019). 예를 들면, 이 도시 모델을 통해 홍수가 자주 발생하는 지역,

범죄발생률 분포 등을 분석하고 도시개발의 우선순위를 결정하는 정책에 활용할 수 있을 것이다. 또한 향후 개발계획을 미리 시뮬레이션하고 이를 기반으로 주변에 미치는 영향이나 해당 지역의 주민들과 의사소통하는 것에도 활용할 수 있다.

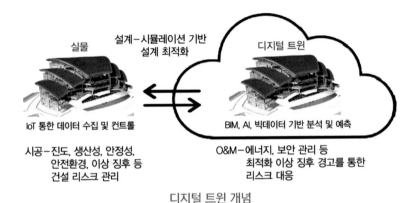

디지털 트윈 개념

디지털 트윈의 시작은 설계와 시공단계를 거치는 동안 필요한 정보를 확보하고 관리하여 정확한 준공 BIM을 확보하는 것부터 시작된다.

설계단계부터 설계안을 바탕으로 시뮬레이션과 분석을 통해 최적화된 설계안을 도출하고 시공상 발생할 수 있는 각종 리스크를 분석한다.

시공단계에서부터 현장과 동일한 가상 모델을 통해 현장의 시공 및 진도는 물론, 안전관리에 효과적으로 대응할 수 있는 체계를 구축할 수 있다.

시공 또는 O&M Operation & Maintenance 단계에서 시설물이 구축되거나 가동되는 동안 IoT를 통해 24시간 내내 다양한 데이터를 수집하는데, 이것이 시설물에 대한 빅데이터를 구성하게 된다.

물론 이를 위해서는 실제 시공상태와 동일한 가상 모델과 정보 BIM를 확보함과 동시에 시공 또는 O&M 단계에서 어떤 정보를 어디서부터 수집할 것인지 결정해야 한다. 이 엄청난 양의 데이터를 기반으로 앞서 소개한 머신러닝이나 딥러닝을 통해 분석하고 의사결정 및 예측 모델을 통해 최적화된 해결책을 유도하거나 이상 징후를 미리 파악함으로써 공사 또는 시설물 운영 중에 문제가 발생하기 이전에 사전 대응할 수 있는 체계를 구축할 수 있는데, 이것이 스마트 건설 관점에서 디지털 트윈의 목적이다.

국내에서도 스마트 도시 그리고 스마트 건설 관점에서 디지털 트윈에 대한 관심이 높아지고 있다. 이미 초정밀 제품 생산을 요구하는 전자산업을 중심으로 공장시설에 대한 디지털 트윈 적용을 추진하고 있다고 한다.

향후에는 공동주택이나 일반 건축물에도 최적화된 시설물 관리, 에너지 활용, 보안 등을 목표로 디지털 트윈 적용에 대한 요구가 증가할 것이며, 이를 위해서는 설계 및 시공단계에서 걸쳐 필요한 정보를 제대로 수집하고 실제 시공상태와 동일한 준공 BIM을 구축하는 것이 중요한 것이다.

Smart 건설 비전 사례

▎Singapore BCA의 IDD(Integrated Digital Delivery) 비전

싱가포르의 건축 분야에서 BIM을 주도하고 있는 정부기관이 BCA Building Construction Authority이다. BCA는 정부 차원에서 BIM 도 입을 적극적으로 추진하고 있는데, BIM 장기 로드맵을 통해 BIM 에서 VDC(3.3에서 설명) 그리고 Smart 건설 개념을 바탕으로 한 IDD 달성을 목표로 추진하고 있다(BCA, 2020).

BCA는 "IDD는 건설 및 건물의 생애주기 동안 작업 프로세스를 통합하고 같은 프로젝트에 참여하는 이해당사자들을 연결하기 위해 디지털 기술을 활용하는 것이며, 이는 건물의 설계, 제작, 현장 조립, 그리고 유지관리를 모두 포함하는 것"이라고 정의하고 있다.

IDD는 싱가포르 건설산업 Transformation Map의 주요 추진 정책 중 하나인데, 이는 건축, 엔지니어링, 시공, 유지관리 관련 분야의 최신 기술을 활용할 수 있는 고급기술자 및 기능공을 만듦으로써 건설산업을 근본적으로 변화시키려는 국가적 노력의 일환이기도 하다.

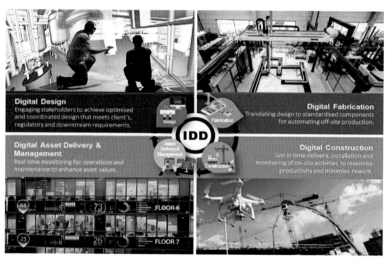

IDD 개요(BCA, 2020)

여기서 Transformation이란 혁신Innovation과 유사한 의미로 볼 수 있지만 사실은 다르다는 점을 유의할 필요가 있다. Newman(2017)은 Digital Tranformation적 의미에서는 Innovation은 일종의 변화를 일으키고자 하는 시작 또는 동기라면 Transformation은 Innovation

을 통해 진화하여 새로운 상태로 정착한 것을 의미한다고 설명하였다. 따라서 싱가포르의 건설산업 Transformation Map이라는 의미도 건설산업을 Innovation을 통해 근본적으로 변화시키려는 의도를 담고 있다고 생각할 수 있다.

IDD는 지난 수년간 이미 많은 프로젝트에서 수행된 BIM과 VDC의 활용을 기반으로 하고 있으며, 설계, 제작, 시공, 유지관리 등 총 4가지 분야별로 목표를 다음과 같이 설정하고 있다.

- Digital Design : 발주자의 요구사항과 법규에 부합하기 위하여 분야 간 협업과 조정을 기반으로 한 최적화된 설계환경을 구현한다.
- Digital Fabrication : 자동화된 오프-사이트Off-Site 생산을 위해 설계안을 표준화된 부재들로 변환시킨다.
- Digital Construction : 생산성을 극대화하고 재작업을 최소화하기 위하여 Just-In-Time 조달 및 설치 그리고 현장시공을 모니터링할 수 있는 환경을 구현한다.
- Digital Asset Delivery and Management : 건물자산가치를 향상시키기 위하여 실시간 유지관리 모니터링 환경을 구현한다. 이 개념은 Digital Twin 개념을 포함하고 있다.

▌일본 가지마의 스마트 퓨처 비전

일본 가지마Kajima 건설의 스마트 퓨처Smart Future는 스마트 건설 비전에 대한 명칭이다. 가지마 건설은 2025년까지 스마트 건설의 비전 달성을 위해 그림과 같이 세 가지 미션을 제시하고 있으며, 각각의 달성 전략을 보면 다음과 같다(Kajima, 2018).

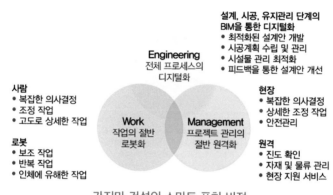

가지마 건설의 스마트 퓨처 비전

▌작업의 절반은 로봇이 수행한다

작업의 절반은 로봇이 수행한다. 로봇은 보조작업, 반복작업 그리고 사람에게 해를 끼칠 수 있는 작업은 로봇이 수행하고, 사람은 복잡한 의사결정, 조정작업, 고도의 복잡한 작업을 수행하도록 개발한다.

예를 들면, 자재 소운반 로봇을 통해 새벽이나 작업이 시작하기 이전 시간대에 자재들을 작업위치로 이동시킨다. 먹줄 로봇을 통해 먹줄을 슬래브 바닥에 그려놓는다. 커튼월 조립 로봇이 커튼월 부재를 가조립하고 최종 조립 및 확인은 사람이 수행한다. 용접작업과 내화뿜칠 작업은 로봇이 수행하고 사람이 최종 확인한다.

시공 진척도는 AR을 통해 BIM으로부터 데이터를 받고 작업이 완료된 부분에 대한 BIM 객체를 선택하여 작업진도관리에 활용하거나 품질관리 체크리스트를 불러와 품질관리 수행에도 활용할 수 있으며, 원격지에 있는 관리자도 그 즉시 작업상황을 알 수 있다.

▌프로젝트 관리의 절반은 원격관리로 수행한다

프로젝트 관리의 절반은 원격관리로 수행한다. 정보통신 기술을 이용하여 현장과 원격지 간에 밀접한 협업 및 의사소통체계를 구축한다. 현장에서는 작업상 복잡한 의사결정사항, 상세한 작업 간 조정, 안전관리 등을 수행한다. 원격관리는 프로젝트 진도 확인, 현장관리, 현장 지원 업무 등을 수행한다.

예를 들면, 드론, 레이저스캐너 기술을 활용하여 현장의 설치상태를 확인하고 시공 오차 조정 로봇을 이용하여 조정한다.

현장 시공 및 진도 현황은 BIM을 통해 실시간으로 공유된다. 그 밖에 자재 조달 및 근로자 출역현황도 원격지 관리자에게 실시간으로 보고된다.

현장에서 발생한 상황에 대하여 원격지 관리자와 정보를 공유하고 지시를 받아 즉각적인 조치를 취할 수 있다.

현장의 진도를 바탕으로 원격지 관리자는 다음 수행 작업이 무엇인지 파악하고 자재출고 요청을 자재공급업체에게 전달하며, 이를 바탕으로 자재출고가 이루어진다. 자재출고 시 정보통신기술을 통해 현장 및 원격관리자에게 전달되어 현장에서 입고 및 설치 작업 준비를 수행할 수 있다.

▌모든 프로세스를 디지털화한다

모든 프로세스를 디지털화한다. 설계, 시공, 유지관리단계 동안 BIM을 활용한다. 가지마 건설의 시공 노하우와 경험을 바탕으로 구축된 디지털 데이터베이스를 활용하여 BIM 기반의 계획을 수립한다.

예를 들면, BIM 기반 건설물류관리 체계와 BIM 기반 견적 프로세스를 구축한다. 물량 산출이 자동화되고 최적화된 계획이 수립된다.

BIM과 현장에서 스캔한 데이터를 바탕으로 오차 조정과 검수 작업을 수행한다.

각 프로젝트에서 수집된 정보를 데이터베이스화하여 향후 프로젝트 계획과 품질관리 업무에 반영한다.

센서로부터 수집된 시설물 운영과 관련된 각종 정보를 바탕으로 시설물 운영을 최적화하고 수집된 정보를 분석하여 향후 시설물 설계에 반영한다.

▌스마트 건설도 사람, 프로세스, 기술의 융화가 기본이다

이상에서 싱가포르의 IDD와 일본 가지마 건설의 스마트 퓨처에 대한 비전을 살펴보았다. 근데 여기서 중요한 것은 스마트 건설도 사람, 프로세스, 기술의 융화로 추진해야 한다는 것이다.

먼저 싱가포르 IDD 정의에서 알 수 있듯이 기술만을 언급하는 것이 아니라 기술 활용의 목적이 프로세스 통합과 참여자들의 연결이라는 점을 인지해야 한다. 즉, BIM, VDC, IDD 등 이런 새로운 개념이 산업에 제대로 자리 잡기 위해서는 사람, 프로세스, 기술 이 세 가지가 융화되는 것이 중요하다는 점을 기억할 필요가 있다.

또한 가지마 건설의 스마트 퓨처에서도 로봇이나 AR, 스캐너 등 다양한 기술이 언급되었지만, 현장, 관리, 프로세스의 디지털화라는 세 가지 관점에서 미션을 설정한 점을 다시 새겨볼 필요가 있는데, 이 역시 사람, 프로세스, 기술의 세 가지가 융화되는 전략으로 접근하고 있다는 점이 공통점이다.

이 부분과 관련해서는 8장 2절 'BIM 도입 성공 요인 세 가지'에서 구체적으로 설명하였는데, 즉 BIM을 기술 도입 관점에서만 봐서는 안 되고 이것이 프로세스에 스며들어가고 관련자들이 그 프로세스를 받아들여야 한다는 것이다.

CHAPTER 05

BIM 수행계획

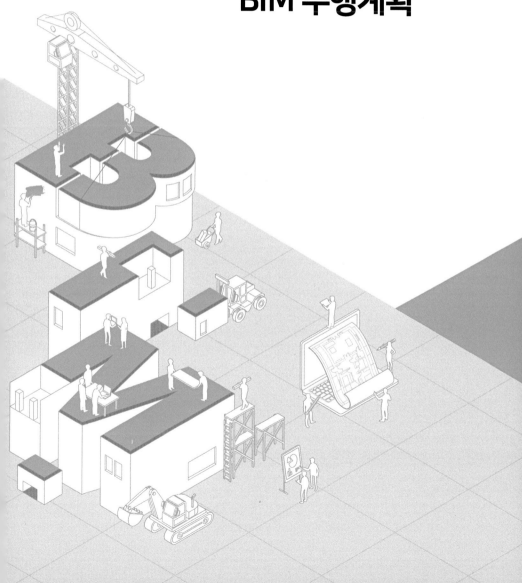

01
BIM 수행 절차의 이해

▌BIM은 해당 사업의 발주지침부터 시작이다

BIM을 특정사업에 제대로 도입하기 위해서 가장 중요한 것이
발주지침과 BIM 수행계획이다. BIM 프로세스가 제대로 수행되기
위해서는 먼저 제대로 된 발주지침을 만들고 이를 기반으로 건축
설계사무소들이 당 사업의 특성과 자신의 설계안에 적합한 BIM
수행계획을 수립하도록 유도하는 것이 최우선되어야 한다. 잘못
된 발주지침은 건축사로 하여금 과잉 설계를 유발하여 낭비를
야기할 수 있기 때문이다.

실제로 국내 건설산업의 BIM 도입 초창기에 어느 공공사업에서
BIM을 시범발주했을 때, 이 사업을 준비하는 건축설계사무소와

건설사들이 현상설계나 기본설계의 목적과 범위에 벗어나는 수준까지 BIM을 적용할 정도로 과다한 경쟁이 붙은 적이 있다. 승자만 BIM에 대한 투자를 보상받는 일종의 치킨게임의 성격까지도 나타났다. 따라서 BIM 지침에서는 해당 프로젝트의 특성에 맞추어 건축사들에게 어느 정도 가이드라인만 제시하되, 제안사들이 설계 특성에 맞춰 그에 적절하게 상응할 수 있는 수준과 범위에서의 BIM 수행계획을 제시하도록 유도하는 것이 중요하다.

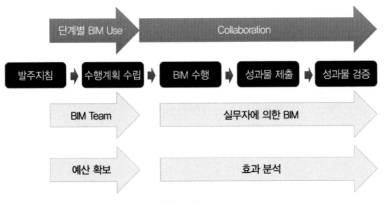

BIM 수행 절차 개요

설계당선안이 확정되면 발주지침에 의거하여 건축설계사무소는 본 설계에 대한 BIM 수행계획을 수립하고 발주자 또는 건설사업관리자가 이 내용을 검토하며, 필요한 경우 수행계획 내용을 협의하여 수정한다. 발주자가 승인한 BIM 수행계획은 건축사의 BIM 설계 프로세스 지침이 되는 것이며, 발주자와 건설사업관리자는 그 수행계획에 의거하여 설계관리를 수행하는 것이다.

▌조달청 BIM 지침 – 시설사업 BIM 적용 기본지침서 v2.0

국내 공공사업에서 적용되는 지침 중에 가장 기본이 되는 지침이 조달청의 시설사업 BIM 적용 기본지침서이다. 한국토지주택공사나 서울도시주택공사 등 여러 기관들이 이 지침을 참고하여 각 기관별 사업에 더욱 적합한 가이드를 제공하고 있다.

조달청의 BIM 지침서 구성을 살펴보면 다음 표와 같다.

목차	조달청 BIM 지침서(조달청, 2019) 주요 구성 및 내용
지침 개요	• 목적 및 원칙, 지침의 구성, 관련 기준 및 규격, 용어의 정의 등
조달청 BIM 관리 지침	• 조달청 BIM 적용 시설사업 관리를 위한 지침 • BIM 적용 대상, 수행조직 및 역할, 사업공고/착수/업무 수행/성과품 납품 단계별 수행 절차, 품질관리 기준
계획/중간/실시설계 BIM 적용 지침	• 각 단계에서 용역사의 BIM 업무 수행을 위한 지침 • BIM 데이터 작성 기준(공간, 구조, 건축, 토목, 대지, 기계 및 전기, 조경) • 활용 기준(디자인, 설계도면, 주요 부재 수량 산출, 환경 시뮬레이션) • 품질관리 기준, 성과품 작성 기준, 책임과 권리
시공 BIM 적용 지침	• 공사 계약자의 BIM 업무 수행을 위한 지침 • BIM 업무환경 구축 • 활용 기준(시공통합 모델, 간섭/시공성 검토, 대안 및 설계 변경, 수량 산출, As-Built 모델 정보 입력, 기타 시각화, 측량) • 결과보고서, 성과품 제출 기준
부속서	• BIM 속성입력 기준, 결과보고서 표준 템플릿 등으로 구성

관리지침은 발주지침에 대한 사업공고단계, BIM 수행계획 및 확정에 대한 착수단계, 조직 구성 및 환경구축을 포함한 업무 수행, 품질 검수를 포함한 성과품 납품 단계별로 구분되어 기술하고 있다.

품질관리 기준은 계획, 정보, 물리 품질 등 세 가지로 구분하고 있는데, 계획품질이라 함은 해당 사업의 조건에 충족 여부를 확인하는 것이고, 정보품질은 BIM 객체가 누락되지 않고 필요한 정보가 정확하게 속성에 포함되어 있는지를 확인하는 것이며, 물리품질은 객체의 중첩 및 간섭 해소, 구조부재 간 연결 및 지지 관계 확보 등이 제대로 반영되었는지를 확인하는 것을 의미한다.

품질관리는 BIM 수행계획, 수행 중 그리고 완료단계에 걸쳐 지속적으로 이루어져야 한다. 특히 설계와 시공단계별로 설계도서와 BIM 또는 준공도서와 BIM이 성과물로 제출된다. 이때 중요한 것이 성과물 검증인데, 결코 대충 넘어가서는 안 된다. 성과물이 제출된 이후 단계, 즉 시공단계 또는 유지관리단계에서 활용할 수 있는 수준의 BIM과 설계도서가 제출되었는지 또 이 단계에서 필요로 하는 정보가 BIM 데이터에 확보되었는지, BIM과 설계도면의 정합성이 확보되었는지 등을 반드시 검증해야 하는 것이다.

▎조달청 데이터 작성 및 활용 기준

조달청 지침에는 계획, 중간, 실시 등 각 단계별로 작성되어야 하는 최소 부위를 지정하고 있다. 물론 이것은 최소 부위에 대한 지정사항이기 때문에 해당 사업의 특성에 따라 발주자와 설계자가 협의하여 가감해야 하는 것이다.

예를 들면, 표와 같이 건축 분야에서 두께 50mm 초과 마감재를 최소부재 작성대상으로 정의하고 있다. 하지만 이것 또한 50mm 초과 마감재는 모든 부재에 대하여 개별 BIM 객체로 구축할 것인지 아니면 여러 가지 마감재가 복합적으로 모델링된 복합객체로 할 것인지도 협의되어야 하는 사항이다.

실시설계단계 최소 부위 작성대상(조달청, 2019)

분야	최소 부위 작성대상
구조	• 철근콘크리트 : 기초, 기둥, 보, 벽체(내력벽), 바닥(슬래브), 지붕, 계단, 경사로 • 철공 : 기둥, 보, 트러스, 테크플레이트
건축	• 벽체(비내력벽), 이차벽체(칸막이 등), 문, 창문, 셔커, 커튼월, 계단 경사로의 개구부, 난간, 천장, 지분 이차구조 • 두께 50mm 초과 마감재
기계	• 위생기구 • 기계실/공조실 주요 장비, 배관, 덕트, 소화전, 물탱크, 기계 피팅 및 액세서리 등
전기	• 수변전설비, 변전실 주요 장비 • 조명 설비 및 조명기구 • 배선을 위한 설비(트레이 등)
토목	• 옥외, 오수·우수·급수 관로, 중요 가기설 • 대지, 도로, 옹벽 등 주요 시설물(선택) • 주변 건물
조경(선택)	• 조경시설물, 바닥포장 등 주요 시설물 • 식제 및 수목은 제외

현실적으로 구조, 외피, 문, 창문, 계단, 난간, 지붕 등은 모든 부재를 모델링하지만, 마감부재의 경우 3,000세대의 공동주택이나 50층짜리 주상복합 아파트의 마감재를 세대별로 모두 모델링할 것인지는 효율성과 기여도를 고려하여 적정한 수준에서 BIM 데이터를 구축할 수 있는 방안을 찾는 것이 바람직하다.

또한 건축물의 부재를 3차원 모델로 구축하는 것만 중요한 것이 아니라 그 객체에 대한 비형상 정보, 예를 들면 부재 코드, 강도, 성능, 재료, 제조사, 모델번호 등 각 단계별로 확보해야 하는 정보를 사전에 결정하고 BIM 데이터를 구축해야 한다.

비형상 정보가 없는 3차원 BIM 객체는 기존 3D CAD 모델과 큰 차이가 없고, 단순 설계 검토 외에는 다른 목적으로 사용하기 어렵기 때문에 각 단계별로 BIM이 어떤 분야에 활용될 것인지 그것을 위해서는 어떤 정보가 어떤 형태로 확보되어 있어야 하는지를 미리 계획해야 한다. 이 부분은 수행계획서 수립 및 확인 과정에서 발주자와 참여자들이 협의하여 결정한다.

조달청의 BIM 활용 기준 또한 최소한의 활용방안 제시로 이해하면 된다. 설계단계에서 디자인 검토와 설계도면 검토, 수량 기초데이터에 초점을 두고 환경 시뮬레이션을 선택사항으로 제시하고 있다. 하지만 사업별 특성에 따라 얼마든지 설계단계에서 BIM 활용에 대한 요구사항을 발주지침에 추가할 수 있는 것이다. 예를 들면, 차량 및 보행자 동선에 대한 시뮬레이션, 4D 공정계획을

실시설계단계 BIM 활용기준(조달청, 2019)

활용 기준			활용 수준
디자인 검토	투시도 및 조감도 활용		• 건물 외관 디자인 검토 • 건물 주요 내부 디자인 검토
	동영상 제작		
	설계안 검토		
BIM 설계도면 산출	BIM 실시설계도면 산출		정확한 실시설계도면 산출
수량 기초 데이터 산출	수량 기초 데이터 산출		견적을 위한 수량 기초 데이터 산출
환경 시뮬레이션 (선택 사항)	에너지 검토	동적 에너지 분석	주요 건물에 대한 동적 에너지 시뮬 레이션
		정밀 에너지 소요량 검토	한국에너지공단이 배포한 건축물 에너지 효율등급 평가 프로그램을 활용한 에너지소요량 산출
	빛환경 검토	일조시간 검토	일조권 만족 여부 검토
		일영 검토	연간 외부공간 일영분포 검토
		최대앙각 검토 (녹색 인증)	인증기준에 따른 성능 검토
		주광률 및 균제도 검토 (녹색 인증)	인증기준에 따른 성능 검토

통한 공기 준수 방안 확보 등도 추가할 수 있다.

이상에서와 같이 BIM을 해당 사업에 적용하려면 발주지침(또는 과업지시서)을 통해 설계단계와 시공단계에 걸쳐 단계별로 BIM을 어떻게 활용할 것인지를 최소한의 기준으로 제시해야 한다.

▍BIM 조직과 예산 확보

BIM 조직은 상주팀 또는 비상주팀에 의해 수행해야 하는지, 몇 명으로 조직을 구성해야 하는지, 이를 위해 별도의 예산 확보가 가능한지 등도 고려하여 발주지침을 만들 때부터 반영되어야 한다.

실제로 그동안 공공사업에서 BIM의 수행 내용을 보면 발주지침에서 BIM에 대한 요구는 설계 및 시공단계까지 있으나 이를 뒷받침할 수 있는 예산이 반영되지 않아 BIM 활용이 흐지부지되는 경우가 아직도 많다.

설계 단계에서 BIM 환경을 구축하여 설계를 수행할 수 있는 예산 확보가 가능한지, 또 시공단계의 경우 별도의 BIM팀 운영이 아직은 필요한 시기이라 몇 명을 상주시켜 운영할 것인지, 현장에 BIM 환경을 구축할 예산 편성이 가능한지 등을 고려해야 한다.

입찰 방식에 따라 발주지침에 설계 및 시공단계 제안사들이 입찰가격에 BIM 수행에 필요한 예산을 반영할 수 있도록 유도하는 것이 필요하며 발주지침에서도 이것이 명시되어 있어야 한다.

▍"Begin with the end in mind"

BIM 가이드를 세계 최초로 만든 Penn State University의 CIC Computer Integrated Construction 연구 프로그램 팀은 "Begin with the end in mind(끝을 염두에 두고 시작하라)"라는 말이 BIM 수행에서

가장 근본적이고 중요하다고 강조하고 있다. 이 말은 Stephen R Covey가 쓴 『성공한 사람들의 7가지 습관』 중 두 번째 사항이기도 하다. 왜냐하면 BIM이 성공적으로 수행되기 위해서는 이 과정에 참여하는 사람들이 자신이 만든 정보가 어떻게 활용될 것인지를 이해하고 그것을 자신의 업무에 반영해야 하기 때문이다. 또 다른 한편으로는 린건설의 Value Stream Mapping이나 LPS와도 일맥상 통하는 이야기이기도 하다.

예를 들면, 건축사가 만든 BIM은 설계안 도출이나 설계도면 생성뿐만 아니라, 4D 공정시뮬레이션, 물량 산출, 견적, 간섭 검토 등 다양한 분야에서 활용된다. 건축사가 타 분야에서 그리고 후속 단계에서 BIM이 어떻게 활용될 것인가에 대한 고려 없이 BIM을 구축하게 되면 BIM은 건축사만을 위한 도구에 지나지 않는다. 형상만 존재하고 3차원 객체에 대한 정보가 없다면 수많은 객체를 분류하고 그룹핑할 수 없으며 그 부재가 어떤 부재인지조차 모를 것이다. 후속과정에 어떻게 BIM이 활용될 것인지를 무시함으로 써 그가 제공하는 서비스의 범위와 품질에 한계가 발생하는 것이 다. 이러한 문제 때문에 바로 위에서 각 단계별 성과물을 검증하는 것이 중요하다고 강조한 것이다.

BIM 수행은 기본적으로 협업 중심으로 진행된다. 따라서 서로 다른 참여자 간 사전 약속에 의한 협업이 매우 중요하다. 물론 건축 프로젝트에서 BIM의 생애주기를 보면 건축사의 BIM 기반 설계부터 시작된다. 건축사가 만든 BIM은 설계단계부터 다양하게 활용할 수 있다. 이 BIM을 바탕으로 구조 BIM 프로세스가 시작되고, MEP 분야에 대한 BIM 설계가 수행된다. 이후 이것들이 통합되어 간섭 체크와 설계 조정이 이루어지고, 발주자의 예산범위에서 설계안이 개발되고 있는지도 확인해야 한다. 이 밖에도 에너지 분석, 법규 분석 등 다양한 관점에서 분석되고 협의되어야 한다. 내가 만든 BIM이 나의 성과물로 끝나는 것이 아니라 다른 사람들이 이 BIM 데이터를 가지고 그들의 업무를 시작하는 것이다.

반면 2D 기반의 기존 프로세스의 경우 철저히 사람에 의한 해석에 의존하기 때문에 후속단계에 대한 고려 없이 소위 'Push-Based Process'로 수행되었다. 이 프로세스에서는 건축설계안을 2D 도면으로 표현하고, 전달받은 사람은 그것을 해석하고 또 이해가 부족하면 건축사에게 추가 도면을 요청하거나 질의를 하고, 도면 오류가 발견되면 보완을 요청하는 등 후속단계의 참여자들이 전달받은 내용을 완전히 숙지하여 후속작업을 수행할 수 있을 때까지 피드백이 반복되고 시간이 많이 소요되는 것이다. 너무나도 당연하게 생각해왔던 이러한 과정에서 사실은 많은 낭비가 발생했던 것이다.

그동안 BIM이 적용되었던 사례 중 몇몇의 경우에서는 실무자들 간에 불평이 쏟아지는 경우가 있다. BIM을 가지고 물량 산출, 4D, 에너지 분석 등 다양한 부분에서 활용할 줄 알았더니 아무데도 쓸 수가 없는 3D 깡통 모델이더라는 것이다. 이 이유는 분명하다. BIM 모델 구축 시 아무런 계획도 없었고, 후속단계에서 어떻게 활용될 것이기 때문에 어떻게 모델링되고 어떤 정보가 포함되어야 하는가에 대한 고려 없이 만들어진 경우이다.

따라서 BIM에서는 끝을 염두에 두고, 내가 만든 BIM이 다른 사람이나 후속단계에서 어떻게 활용할지를 고려하고 구축해야 한다. 후속 작업에서 내가 만든 BIM 데이터를 가지고 재가공이나 보완요청 등의 낭비 없이 그 작업의 목적에 따라 활용할 수 있도록 작성되어 BIM 데이터의 활용 가치를 높여야 하는 것이다.

02
BIM 수행계획서 작성

▌ **발주지침을 바탕으로 BIM 수행계획을 수립한다**

BIM의 궁극적인 목적은 프로젝트의 가치Value를 극대화하는 것이다. 혹자는 그 가치가 발주자에게만 국한되어 있다고 주장하기도 하지만, 나는 모든 참여주체들이 고객에게 제공하는 서비스의 가치를 극대화하는 것뿐만 아니라 각 참여주체들 자신을 위한 가치를 극대화하는 것도 있다고 생각한다.

건축가는 BIM을 통해 도면 작성보다는 디자인에 더 많은 시간과 노력을 기울일 수 있어 발주자에게 더 좋은 설계안을 제공하고 이를 통해 설계 경쟁력을 높일 수 있으며, 시공자는 BIM을 통해 시공단계에서 발생할 수 있는 위험Risk을 줄일 수 있다. 또 VE를 통해 발주자에게 더 큰 신뢰감을 주고 수주 가능성을 높일 수 있으며, 각 분야의 기술자들 또한 BIM 기반의 더욱 정확한 해석과 설계를 통해 각자의 노하우를 축적하고 경쟁력을 높일 수 있다.

건설 프로젝트를 수행하기 이전에 계획을 수립하고 관리하듯이 BIM 프로세스를 제대로 수행하기 위해서는 발주자 지침상의 BIM 요구사항을 바탕으로 구체적인 계획 수립이 선행되어야 한다.

BIM 또한 가상공간에서 대상 건축물을 지어보고 이를 통해 Risk 를 최소화하는 것이기 때문에 BIM 계획 수립은 필수적이다. 즉, BIM 활용 목적 및 작업단계별 데이터 구축은 어떻게 할 것인가, 어떤 부분을 어느 정도 상세 수준에서 모델링할 것인가, 누가 모델링을 하고, 어떤 BIM 도구를 사용할 것인가, 정보를 공유하기 위해 어떤 포맷Format으로 저장하고, 모델링 작업 시 특히 고려해야 할 사항은 무엇인가 등 여러 가지 사항에 관하여 계획을 세우고 이를 참여주체들이 공유해야 한다.

따라서 BIM을 적용하는 데 BIM 수행계획서는 필수적이다. BIM 수행계획서를 BIM Execution Plan, 줄여서 BEP라고도 부른다. 왜냐하면 BIM 프로세스는 BIM이 생애주기 동안 설계뿐만 아니라 여러 가지 목적으로 활용되고 타 분야의 전문가들과도 데이터를 공유해야 하기 때문이다.

만약 건축사가 BIM이 후속단계에서 또는 다른 사람에 의해서 어떻게 사용될 것인지 고려하지 않고 구축한다면, 각 분야별로

BIM을 재구축해야 하기 때문에 상당한 낭비가 발생하거나 데이터가 쓸모없게 되어 BIM 도입이 무산될 것이다.

그래서 각 설계단계, 시공단계별로 BIM을 어떤 목적으로 어떻게 구축하고 누구와 협업할 것인가? 또 어떤 환경에서 어떤 프로세스로 진행할 것인가? BIM 활용을 위한 소프트웨어는 무엇으로, BIM의 'I'인 Information은 단계별로 어떤 정보가 확보되어야 하는가? 모델의 상세 수준은 어느 정도까지여야 하는가 등 많은 사항이 계획되고 협의되어야 하기 때문이다. 물론 이런 내용들은 발주자의 BIM 요구사항을 최소사항으로 설정하고 계획해야 한다.

▎참고할 만한 국내외 BIM 수행계획서 및 가이드

그럼 BIM 수행계획서는 어떻게 작성해야 할까? 다행히도 BIM 수행계획서 작성을 위한 참고자료들이 많이 있다.

먼저 조달청의 시설사업 BIM 적용 기본지침서를 활용할 수 있다. 이 지침서에는 계획 설계, 중간 설계, 실시설계, 시공단계로 구분하여 단계별 BIM 활용에 대한 가이드를 제시하고 있다. 또한 BIM 업무 수행계획서 표준 템플릿을 제공하고 있어서 이를 활용하면 어렵지 않게 BIM 수행계획을 수립할 수 있다.

표에는 우리나라, 미국, 영국, 싱가포르의 기관들이 제공하는 BIM 가이드 리스트와 홈페이지 주소를 보여주고 있다. 자료를 무료로 다운로드하여 활용할 수 있기 때문에 국내 또는 국외 프로젝트를 준비하는 과정에서 BIM 수행계획서를 작성해야 한다면 기관의 가이드를 먼저 살펴보는 것이 효과적일 것이다. 이들이 제공하는 가이드는 템플릿을 함께 제공하기 때문에 각 프로젝트 특성에 맞춰 내용을 가감하여 수행계획을 만들 수 있다.

기관	BIM 가이드(웹페이지)
조달청	시설사업 BIM 적용 기본지침서 (http://www.pps.go.kr/bbs/selectBoard.do?boardSeqNo=3752&boardId=PPS089)
CIC Research Group Penn State University	BIM Project Execution Planning Guide (https://www.bim.psu.edu)
GSA (General Services Administration)	BIM Guides (https://www.gsa.gov/real-estate/design-construction/3d4d-building-information-modeling/bim-guides)
National Institute of Building Sciences	National BIM Standard-United States® (NBIMS-US™) (https://www.nationalbimstandard.org/)
National Building Specification	NBS National BIM Library (https://www.nationalbimlibrary.com/en/)
Building and Construction Authority of Singapore	Singapore BIM Guide Version 2.0 (https://www.corenet.gov.sg/general/bim-guides/singapore-bim-guide-version-20.aspx)

▌BIM 수행계획 수립 절차

BIM 수행계획서의 절차는 먼저 BIM의 적용 목적과 계획을 규명하고, 기본, 실시, 시공 등 생애주기 단계별로 BIM 적용 계획을 수립한다.

건축, 구조, 기계, 전기, 토목, 조경 등 어느 분야의 BIM 데이터를 구축하고 또 어떤 소프트웨어를 사용할 것인지, 어떤 부재를 또 어떤 정보와 연계하여 어느 정도의 상세 수준으로 모델을 구축할 것인지, 또 어떻게 협업을 수행할 것인지, 누가 어떤 데이터 구축을 책임질 것인지, 어떤 환경에서 BIM을 수행할 것인지, 어떻게 구축된 BIM 데이터의 품질을 확인할 것인지, 최종 성과물이 무엇인지 등을 계획한다.

그렇기 때문에 BIM은 단순 3차원 모델 구축과 다른 것이다. 각기 다른 분야에서 만들어진 BIM이 통합되어야 하고, 또 그래픽 모델뿐만 아니라 그 안에 속성을 정의하고 속성에 대한 정보가 입력되고 관리되는 것이다. 이렇게 구축된 BIM은 후속단계에서 활용되고 또 새로운 정보가 축적되는 과정을 거쳐 유지관리단계에서까지 활용될 수 있다.

▌BIM 수행계획서의 주요 내용 – 각 단계별로 별도로 작성하라

1. 단계별 BIM 활용 목표 설정 : 기본설계, 실시설계, 시공 등

각 단계에서 BIM 활용 목표 등을 기술한다. 예를 들면, 에너지사용이 최적화된 설계 도출, 발주자의 예산에 기반한 설계 도출, 공기준수가 가능한 설계안 확보 등을 목표로 설정할 수 있을 것이다.

설계단계	대분류	중분류	소분류	활용 수준				
				대분류	가급적	보통	간혹	안함
계획/중간/실시설계	디자인 검토	시간 검토	투시도 및 조감도 활용		○			
		설계 검토	설계안 검토		○			
	설계 품질 확보	공간설계 품질 확보	면적조건 검토	○				
			공간요구조건 검토		○			
			장애자 설계조건 검토		○			
			피난 설계조건 검토		○			
			방재 설계조건 검토		○			
	설계도면	설계도면	설계도면 산출	○				
	에너지효율	에너지효율	에너지효율 검토					
	환경 시뮬레이션	방재	피난					
		빛	일조 분석					
			조명 분석					
		음향	음향 분석					
		온도	온도 분석					
		공기	CFD					
		쾌적성	온도 습도 바람					
중간/실시설계	설계 품질확보	수량산출 품질확보	물리적 품질확보	○				
			데이터 품질확보	○				
	수량데이터	개략물량	수량 기초데이터산출		○			
실시설계	설계 품질확보	설계 품질확보	간섭 검토	○				
			구조부재 간의 지지 검토	○				
		품질검증	품질검증 수행		○			

BIM 적용 목적 예시(제공 : (주)두올테크)

2. 1번에서 명시한 목표를 달성하기 위해 현상설계, 기본설계,
   실시설계, 시공 등 단계별로 BIM을 어떻게 활용할 것인지를
   계획한다. 건축, 구조, MEP BIM 등 분야별 BIM 구축과 구성,
   공간 모델 구축, BIM 기반 에너지 분석, 간섭 검토, 4D BIM
   구축, 주요 자재 물량 산출 등 어느 분야에서 BIM을 활용할
   것인지 계획한다.

단계별 BIM 활용 예시(이미지 제공 : (주)두올테크)

단계별 BIM 활용 예시(이미지 제공 : (주)두올테크)(계속)

단계별 BIM 활용 예시(이미지 제공 : (주)두올테크)(계속)

3. BIM 데이터 작성대상을 계획한다. 단계별로 어떤 객체를 3차원 BIM 객체로 나타내고 어떤 정보를 속성 정보로 포함할 것인지를 결정한다. 작성대상 객체에 대한 표현상 상세 수준은 물론이고 그 객체에 대한 정보로 어떤 것들이 포함되어야 하는지를 계획해야 한다.

예를 들면, 실/공간 면적 검토를 위해 실/공간별 구분 코드가 객체 정보로 포함되어야 한다. 또 4D 시뮬레이션을 위해 부위 종류별이나 층별은 물론, 필요하다면 Zone별로도 객체를 구분할 수 있어야 한다. 또 이를 위한 그룹핑과 부재 코드 정보가 필요하다. 만약 콘크리트 골조에 대한 물량을 추출하고자 한다면 강도, 슬럼프, 최대골재치수 등의 정보가 부재별로 입력되어야 한다.

ㄱ. 공통 적용 사항	
항목	객체 입력 대상
표현 기준	- 철근콘크리트 : 기초, 기둥, 보, 벽체(내력벽), 바닥(슬래브), 지붕, 계단, 경사로 - 철골구조 : 기둥, 보, 데크 슬래브, 철골 계단
속성 정보	- 구조부재의 형태에 따른 유형을 입력 - 부재타입별 정보값 입력(1S, 1DS / W, CW, RW 등)

BIM 데이터 작성 기준 예시(제공 : (주)두올테크)

ㄴ. 모델링 요소별 데이터 작성기준 - 1

대상	객체 입력 대상	
기초 (독립 기초, MAT)	- 독립기초와 MAT기초는 구분 작성 - 레이어 : S_기초 - 객체ID : F01 - 재료정보 : 콘크리트 강도 - 용도/위치 : 작업층 및 위치정보 - 객체제원 : 가로, 세로, 두께, 체적	
기둥	- 하부 슬래브 상단에서 상부 슬래 　브 상단까지 작성 - SRC기둥일 경우 철골 및 RC 　기둥은 별도 작성하여 중첩되게 　표현 - 레이어 : S_기둥_철근콘크리트 - 객체ID : C01 - 재료정보 : 콘크리트 강도 - 용도/위치 : 작업층 및 위치정보 - 객체제원 : 가로, 세로, 두께, 체적	
보	- 슬래브 및 기둥과 중첩되지 않게 　작성(자동 공제 시 중첩 가능) - 레이어 : S_보_철근콘크리트 - 객체ID : G01 - 재료정보 : 콘크리트 강도 - 용도/위치 : 작업층 및 위치정보 - 객체제원 : 가로, 세로, 두께, 체적	

BIM 데이터 작성 기준 예시(제공 : (주)두올테크)(계속)

ㄷ. 모델링 요소별 데이터 작성기준-2

대상	객체 입력 대상	
내력벽	- 하부 슬래브 상단에서 상부 슬래브 상단까지 작성 - 기둥과 보와 중첩되지 않게 작성 　(자동 공제 시 중첩 가능) - 창호는 OPEN으로 표현 - 레이어 : S_벽_철근콘크리트 - 객체ID : SW01 - 재료정보 : 콘크리트 강도 - 용도/위치 : 작업층 및 위치정보 - 객체제원 : 가로, 세로, 두께, 체적	
슬래브	- 보/기둥/벽과 중첩되지 않게 작성 　(자동 공제 시 중첩 가능) - 데크 슬래브의 3D형상 표현 제외 - 레이어 : S_슬래브_철근콘크리트 - 객체ID : S01 - 재료정보 : 콘크리트 강도 - 용도/위치 : 작업층 및 위치정보 - 객체제원 : 두께, 체적	
계단	- 프로그램 계단 기능 이용하여 작성 　(난간타입 포함) - 레이어 : S_계단_철근콘크리트 - 객체ID : ST01 - 재료정보 : 콘크리트 강도 - 용도/위치 : 작업층 및 위치정보 - 객체제원 : 디디판, 챌판 정보, 단수	
경사로	- 지붕객체 활용하여 작성 　(난간타입 포함) - 레이어 : S_램프 - 객체ID : SL01 - 재료정보 : 콘크리트 강도 - 용도/위치 : 작업층 및 위치정보 - 객체제원 : 두께, 체적	

BIM 데이터 작성 기준 예시(제공 : (주)두올테크)(계속)

4. 건축, 구조, 토목, 기계, 전기, 조경, 공간 등 분야별로 어떤 부재와 부위를 어느 정도 상세 수준에서 BIM 데이터로 어떻게 구성할 것인지를 구체적으로 계획한다. BIM 객체의 상세 수준은 3차원 모델의 형상은 어느 정도 상세해야 하고 또 이들이 포함하는 정보는 어느 정도까지 포함해야 하는가를 정의하는 것이다.

이는 단계별, 분야별, 객체별로 다르게 정의할 수 있다. 또한 프로젝트 성격에 따라 그 특성에 맞는 상세 수준을 명시하는데, 대부분 발주지침에서 가이드를 제시하고 제안사들이 수행계획서 상에서 달성하고자 하는 단계별 상세 수준을 정의한다.

상세 수준 기준과 가이드는 국내에서는 BIL Building Information Level로 해외에서는 미국의 LOD Level of Development가 대표적이다. BIL과 LOD에 대한 사항은 다음 섹션에서 설명하겠다.

5. 분야별로 활용될 BIM 소프트웨어와 데이터 호환을 위한 형식을 결정한다. 아쉽게도 BIM 분야는 한 가지 소프트웨어로 모든 분야의 BIM을 수행할 수 없다. 각 분야별로 소프트웨어 종류도 다르다. 또 지속적으로 새로운 소프트웨어도 등장하고 있다.

계획하는 BIM 활용 분야별로 어떤 소프트웨어를 사용하는 것이 협업이나 프로세스상 가장 효율적일 것인지, 그것을 수행할 수 있는 인력 확보가 가능한지도 고려하여 계획한다.

6. BIM 수행 환경 구축을 계획한다. BIM 설계 및 협업 환경과 BIM 수행 조직 구성에 대한 계획을 의미한다. BIM 설계와 협업 환경에 필요한 공간, 소프트웨어 그리고 하드웨어를 어떻게 구성할 것인지를 계획한다.

BIM 수행조직과 관련해서는 총괄 관리자 및 주요 분야별 BIM 관리자 그리고 월별 인력 투입 계획 등을 계획한다. 요즘은 클라우드 환경을 이용한 협업과 원격관리도 충분히 가능한 시대이기 때문에 이런 환경 구축은 발주자와 설계자 간 협업, BIM 수행조직에 대한 원격지원 체계 등을 보다 효과적으로 만들 수 있다.

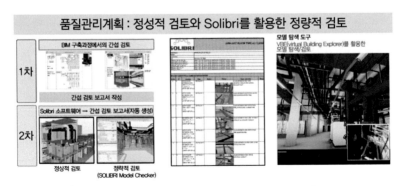

품질관리계획 예시(이미지 제공 : (주)두올테크)

7. BIM 운영 및 관리 방안을 계획한다. 발주자, CM, 설계자, 시공자 등 프로젝트 참여자 간 협업 전략을 수립하고 설계, 시공단계별로 참여자 간 설계 조정회의 또는 BIM 기반 공정 회의 등에 대한 운영 및 일정계획, 주기, 장소 등을 명시한다. BIM 수행과정에서 발생하는 각종 BIM 이슈들을 수집 및 관리하고 이를 보고하는 방법과 주시를 명시한다. 또한 구축하는 BIM 데이터 품질 확보 및 검증 방안을 제시한다. 또한 필요시 발주자를 포함한 BIM 교육 계획도 이 부분에서 포함한다.

8. BIM 성과물 제출목록을 계획한다. BIM 성과물 제출목록을 계획한다. 설계, 시공단계별로 제출해야 하는 BIM 성과물 목록을 제시한다. 단계별 최종 성과물을 발주지침 및 발주자의 요구사항과 BIM의 활용 목적에 따라 BIM 데이터의 효율적 활용과 연계 그리고 협업 지원이 가능한 형태로 계획한다.

03

BIM 상세 수준 LOD/BIL

▎BIM 상세 수준은 참여자 간 중요한 약속이다

BIM 데이터 구축에서 중요하게 고려해야 할 것 중의 하나가 상세 수준이다. 왜냐하면, BIM을 구축한다고 했을 때 서로 간에 기대하는 상세 수준이 다르다면 큰 혼선이나 갈등이 생기고 BIM 데이터 활용성도 떨어지기 때문이다.

이 상세 수준이란 형상에 대한 상세 수준뿐만 아니라 객체가 포함해야 할 정보에 대한 상세 수준도 포함한다. 실제 설계단계에서 3차원 모델 구축에만 신경 쓴 나머지 정보 분류 코드나 또 다른 분야에서 필요한 속성 정보가 제대로 정의되지 못한다면, 각종 리스트 도출, 물량 산출, 친환경 분석, 4D BIM은 물론 시공단계와 유지관리단계에서 BIM이 활용되지 못하는 결과를 초래할 수 있기 때문이다.

▌LOD

미국에서는 BIM에 대한 상세 수준을 LOD Level of Development로 정의하고 있고, 영국에서는 정의에 대한 수준 Level of Definition으로 형상 모델은 LOD Level of Detail로, 형상과 연계된 속성 정보는 LOI Level of Information로 정의하고 있다. 국내에서는 조달청 지침안에 BIM 정보 표현 수준(안)이라고 BIL Building Information Level로 정의하고 있다. 정리하면 각국마다 조금씩 다른 용어로 정의하고는 있지만 BIM에 대한 상세 수준에 대한 의미나 정의는 거의 비슷하게 설정되기 때문에 국제적으로 가장 많이 통용되고 있는 미국의 LOD만 파악해도 도움이 될 것이다.

미국의 LOD는 미국건축사협회인 AIA The American Institute of Architects 에서 처음으로 정의하였으며, 이후 미국건설협회인 AGC The Association of General Contractors와 공동으로 BIM Forum(www.bimforum.org)을 운영하며 LOD에 대한 정의와 개정 작업을 지속적으로 하고 있다.

미국 BIM Forum은 매년 LOD Specification(출처 : bimforum.org/LOD)을 발표하고 있으며 LOD의 개발의도를 다음과 같이 설명하고 있다.

첫째, 건축사와 발주자를 포함한 프로젝트 이해 당사자들이 BIM 성과물을 명시하고 그 성과물에 무엇이 포함될 것인가를 명확히 이해하도록 한다.

둘째, 건축사들이 그들의 팀원들에게 설계 프로세스의 여러 단계별로 어떤 정보와 디테일이 제공되어야 하는지 설명하고 설계 모델이 개발되는 진도를 관리할 수 있도록 한다.

셋째, 설계 성과물을 활용하는 사용자들이 다른 사람들로부터 제공받는 모델에 포함된 구체적인 정보를 믿고 활용할 수 있도록 한다.

넷째, 계약과 BIM 수행계획 수립 시 활용될 수 있는 기준을 제공한다.

미국의 LOD는 Level of Development의 의미로 정의되고 있으며, Level of Detail과는 다른 개념이다. 즉, Level of Detail에는 모델 형상의 구성요소가 얼마나 상세하게 표현되었는가에 초점을 두고 있다면, Level of Development는 형상 정보와 속성 정보가 연계되어 어느 정도로 모델이 상세하게 표현되고, 그것과 관련된 세부적인 정보가 어느 정도까지 포함되는가에 초점을 두고 있는 것이다.

예를 들면, 설계 초기에는 외벽이란 부재가 존재하지만 형상 정보만 있고 그에 대한 재료나 단열을 포함한 벽구조 등이 정의되지는 않는다. 이후 설계안이 구체화되면서 블록벽으로 갈지, 콘크리트 벽으로 갈지 등이 결정되고, 또 그 이후는 블록별 철근보강을 어떻게 할지, 단열재는 어느 회사의 제품을 사용할지 등이 결정된다. 이러한 설계의 발전과정을 담기 위한 체계로 LOD를 정의했다고 보면 될 것이다.

▌ LOD 100-500

현재 BIM Forum에서는 다음 그림과 같이 LOD를 100, 200, 300, 350, 400, 500 등 6단계로 구분하고 각 단계별 정의 그리고 형상 및 그와 연계된 정보의 종류를 다양하게 제시하고 있다.

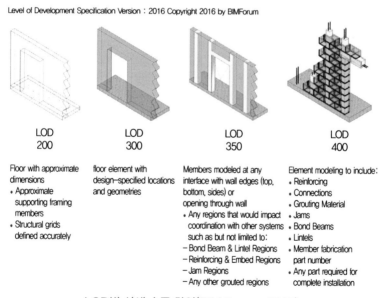

Level of Development Specification Version : 2016 Copyright 2016 by BIMForum

LOD 200	LOD 300	LOD 350	LOD 400
Floor with approximate dimensions • Approximate supporting framing members • Structural grids defined accurately	floor element with design-specified locations and geometries	Members modeled at any interface with wall edges (top, bottom, sides) or opening through wall • Any regions that would impact coordination with other systems such as but not limited to: – Bond Beam & Lintel Regions – Reinforcing & Embed Regions – Jam Regions – Any other grouted regions	Element modeling to include: • Reinforcing • Connections • Grouting Material • Jams • Bond Beams • Lintels • Member fabrication part number • Any part required for complete installation

LOD별 상세 수준 차이(BIM Forum, 2017)

그림은 BIM Forum에서 조적벽에 대하여 LOD별로 예시를 든 것인데 이를 설명하면 다음과 같다.

LOD 200에서는 위치와 형태, 사이즈 정도의 정보만으로 나타내고, 아직 구체적 구조나 시스템이 결정되지 않은 기본계획 정도의 수준을 의미한다(LOD 100은 형상이 아니라 심벌로만 나타내는 수준이라 그림에 포함되어 있지 않다).

LOD 300은 재료나 구조, 시스템 등이 결정되었지만 그 구체적인 타 부재와 인터페이스 등 상세는 나타나지 않는 기본설계 정도의 수준을 나타낸다.

LOD 350은 재료, 구조, 시스템의 구성요소들이 표현되며 타 부재와의 인터페이스도 표현되며 실시설계 100% 정도 수준에 해당된다.

LOD 400은 부재의 제작에 활용될 수 있는 1:1 수준의 디지털 목업 Digital Mock-Up 또는 샵드로잉에 해당되는 수준이다.

LOD 500은 준공 모델 As-Built Model에 해당되는 것으로 준공상태와 동일한 수준의 BIM에 해당된다. 이 모델은 유지관리단계에서 디지털 트윈 Digital Twin을 포함하여 여러 가지 목적으로 활용할 수 있다.

그리고 중요한 것은 LOD별로 다음과 같이 형태에 대한 상세 정도만 다른 것이 아니라 상세 수준에 따라 연계된 비형상적 정보 Non-Graphic Information가 추가된다는 것이다. 이는 BIM의 개념에서 정보를 나타내는 'I'가 중요하다고 언급했듯이 정보 없는 BIM은 내용물 없는 깡통과도 같은 것이기 때문이다.

예를 들면, LOD 300에서는 재료에 대한 규격만 명시되지만, LOD 350에서는 건축사가 지정하는 재료에 대한 제품명이 추가될 수 있고, LOD 400에서는 샵드로잉에 해당되는 앵커와 볼트 등 연결 부재 정보까지 포함된다. BIM Forum의 LOD 스펙에서는 다양한 공종별 부재별로 어떻게 정의할 수 있는지를 보여주고 있기 때문에 자세한 사항은 bimforum.org/LOD에서 LOD Specification을 다운로드하여 참고할 수 있다.

▌프로젝트에 보다 적합한 LOD를 정의할 수 있다

LOD는 절대적인 기준이라기보다는 가이드라인으로 해당 프로젝트마다 특성을 고려하여 참여자들이 협의하여 정의하는 것이 바람직하다. 일반적으로 발주지침에서 각 단계별로 필요한 LOD를 공종 또는 분류별로 정의하여 최소 요구사항으로 BIM 수행계획에 반영토록 요구하고 있다.

또 LOD 기준이 모든 부재에 공통적으로 같은 상세 수준에서 적용되는 것이 아니다. 예를 들면, 실시설계단계 성과물에 대한 상세 수준을 건축과 구조는 LOD 350 수준, 기계 및 전기는 LOD 300, 도로계획과 조경은 LOD 200 등으로 분야별로 서로 다른 상세 수준을 정의하여 수행하는 것이 과도한 BIM 설계를 방지하고 효율적인 프로세스를 구축하는 데 더 효과적일 것이다.

어쨌든 중요한 것은 LOD를 통해 발주자와 건축사 그리고 프로젝트를 함께 수행하는 사람들이 공통된 기준으로 형상과 속성에 대한 상세 정도를 협의하여 운영할 수 있다는 점이다. 발주자가 지나친 상세 수준을 요구할 경우 이런 기준을 근거로 설득하거나 과다 상세 수준에 대한 추가 비용을 요구할 수도 있을 것이다.

▌ BIL과 LOD 비교

국내 사업에서는 조달청 지침에 의거하여 BIL Building Information Level 기준을 많이 활용하고 있다. 하지만 국제현상설계 공모사업의 경우 BIL에 대한 정의만 제공한다면 많은 혼란을 야기할 것이다. 이럴 경우 BIL과 LOD에 대한 정의를 동시에 제공할 수 있다. 이 두 가지 기준은 어느 정도 동등한 수준에서 정의되어 있기 때문에 서로 비교하면서 적절하게 해당 프로젝트에 적용할 수 있다.

설계단계 적용 예		LOD 단계	BIL 단계
단계 구분		LOD 100	BIL 10
기획 단계 수준	표현 수준	• 존재 자체를 표현하기 위한 모 델 요소 • 매스 모델로 표현하거나 속성 정보가 들어 있지 않은 객체 • 면적에 의한 개략 견적 및 수 량 산출에 활용 가능	• 지형 및 주변 건물 표현 • 면적, 높이, 볼륨, 위치 및 방향 표현 • 건물단위 : 건물단위의 매스 • 층단위 : 층으로 구분된 매스 • 블록단위 : 프로그램별로 분 리된 블록매스
	표현/ 용도 예	• 건물, 층, 블록단위의 매스 • 종류나 재료 속성이 들어가지 않은 기본적인 매스 또는 공간 객체	• 면적, 볼륨 또는 이와 유사한 추정 기법에 따라 공사비 예측 에 사용 가능(예 : 바닥면적, 콘 도미니엄 유닛, 병원 침실 등) • 프로젝트의 전체 기간 스케줄 및 단계화를 위해 모델 사용 가능

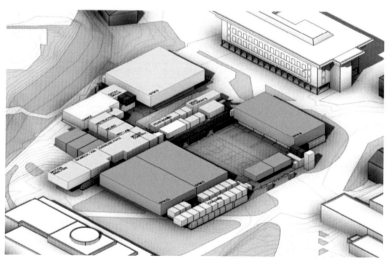

LOD 100 매스 모델 예시(LMNts, 2014)

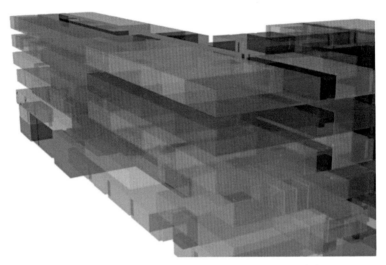

LOD 200 안목치수 기준으로 구축된 공간 모델 예시

설계단계 적용 예		LOD 단계	BIL 단계
단계 구분		LOD 200	BIL 20

계획
설계
수준
	표현
	수준
		• 총체적인 시스템이나 객체로
		  표현
		• 대략적인 수량, 사이즈, 형태,
		  위치, 방향 등으로 표현
		• 비기하학적 정보 역시 모델 요
		  소에 포함될 수 있음
		• 이 단계에서의 정보는 대략적
		  이며 구체성이 확보되지 않음
			• 계획설계 수준에서 필요한 형
			  상 표현
			• 계획에 필요한 부재의 존재 표현
			• 공간 및 주요 구조부재의 존재
			  (기둥, 벽, 슬래브, 지붕)
			• 간략화된 계단 및 슬로프
			• 벽은 단일벽으로 표현
			• 개구부(창호 생략 가능)
			• 커튼월 멀리언 형상 표현

	표현/
	용도
	예
		• 공간별·구역별 면적을 계산
		  할 수 있는 공간 모델(다음 그
		  림 참조)
		• 벽의 종류와 재료 속성이 결정
		  되지 않은 개념상의 벽 객체
		  (Generic wall Object)
		• 벽체를 하나의 객체로 표현
		  (이전 그림의 LOD 200 참조)
			• 규모 검토, 개략공사비 검토
			• 설계조건 검토, 각종 개략 분석
			• 3차원 협의, 임대관리, 피난
			  관리

설계단계 적용 예		LOD 단계	BIL 단계
단계 구분		LOD 300	BIL 30
중간 설계 (기본 설계) 수준	표현 수준	• 수량, 사이즈, 형태, 위치, 방향 정보가 결정된 구체적인 시스템이나 객체로 표현 • 비기하학적 정보 역시 모델 요소에 포함될 수 있음 • 각종 정보의 구체성이 확보됨	• 기본설계수준에서 필요한 모든 부재의 존재 표현 • 부재의 수량, 크기, 위치 및 방향의 표현 • 공간 및 모든 구조부재의 규격 • 계단은 정확한 단수 포함 • 벽은 이중벽 표현 • 개구부 표현(창호는 프레임 존재 표시) • 커튼월 멀리언 규격 • MEP 주요 장비 및 배관
	표현/ 용도 예	• 벽체를 하나의 객체로 표현하지만 벽의 종류와 재료가 표현되거나 정보가 포함됨(이전 그림의 LOD 300 참조) • 예시 : 높이, 폭, 두께, 위치가 결정된 철골기둥 부재	• 정확한 기본도면 산출 및 각종 설계의사 결정 • 기본 품질 검토 및 각종 분석 • 3차원 협의, 개략 시공계획, 개략 LCC 분석

설계단계 적용 예		LOD 단계	BIL 단계
단계 구분		LOD 350	BIL 40
실시 설계 수준	표현 수준	• 부재를 구성하는 주요 부속부재, 그리고 다른 부재와 인터페이스도 표현함 • 기둥이면 베이스 플레이트, 앵커볼트 등 표현 • 비기하학적 정보 역시 모델 요소에 포함될 수 있음	• 실시설계 수준에서 필요한 모든 부재의 존재 표현 • 입찰에 필요한 수량 산출 가능 수준 • 공간 및 모든 구조부재의 규격 • 모든 건축 부재의 규격 • 마감은 직접 모델링 또는 속성으로 처리 • MEP 장비 및 배관(시공성 검토 수준) • 전선 등은 생략 가능
	표현/ 용도 예	• 벽체의 경우 벽체를 구성하는 단열재, 벽돌벽, 철제프레임 등 표현(이전 그림 LOD 350 참조) • 벽체와 연관 있는 주요 구조부재 표현 • 예시 : 높이, 폭, 두께, 위치가 결정된 철골기둥 부재 그리고 베이스플레이트와 앵커 등 주요 부속부재의 표현	• 정확한 실시도면 산출 • 간섭 체크, 수량 산출 및 각종 상세 분석 • 시공성 검토, 공법 사전 검토 • 시공계획, LCC 분석

설계단계 적용 예		LOD 단계	BIL 단계
단계 구분		LOD 400	BIL 50
시공 수준	표현 수준	• 수량, 사이즈, 형태, 위치, 방향 정보가 포함된 구체적인 시스템이나 객체로 표현 • 시공 상세, 제작, 조립, 현장설치에 필요한 정보가 표현 또는 포함 • 비기하학적 정보 역시 모델 요소에 포함될 수 있음	• 용도에 따라 정보 추가(예 : 4D(공정), 5D(공사비), 6D(조달), 7D(유지관리), Digital Mock-Up 정보) • 시공도면 활용 가능한 내용 • 시공좌표 및 자재정보 • 공정관리 및 비용관리에 필요한 정보
	표현/ 용도 예	• 실제 시공에 필요한 모든 디테일 정보 표현(이전 그림 LOD 400 참조) • 예시 : 부재와 그 부재의 설치에 필요한 볼트, 너트, 용접 등 모든 부속부재의 표현	• 공정공사비 관리 및 자재조달 관리 • Digital Mock-Up

CHAPTER 06

BIM 운영 프로세스

01
BIM 역할과 책임

▌모든 참여자들이 BIM 데이터를 직접 구축하는 것은 아니다

발주자, 설계자, 시공자, 건설사업관리자, 전문업체 등 각 참여 주체들이 BIM 프로세스상에서 어떤 역할을 수행할 것인가를 제대로 이해하는 것은 필수적인 사항이다. 왜냐하면 모든 참여자들이 BIM 데이터를 직접 구축하는 것은 아니기 때문이다.

BIM 프로세스에서 기본적인 역할은 크게 BIM 관리자Manager 또는 Coordinator – 여기서 코디네이터Coordinator란 여러 분야와 참여자들 간 BIM 관련 업무를 조정하는 역할을 의미함 – BIM 분석자Analyst, BIM 모델러(또는 엔지니어) 등 세 가지로 구분할 수 있다.

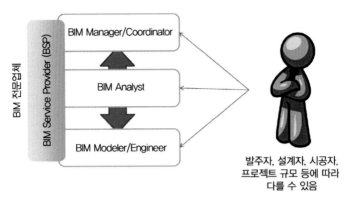

BIM 수행 역할

이것은 역할이기 때문에 소규모 건축물의 경우 건축사 혼자서 이 모든 역할들을 맡아서 BIM 설계를 통해 모델 구축에서 물량 산출과 일조 분석 등을 수행하며 프로젝트를 진행하는 반면, 대규모 프로젝트의 경우 하나의 역할에 분야별 전문가들이 참여하고 BIM 총괄 매니저가 전체 프로세스를 관리하는 등 프로젝트 규모와 특성에 따라 역할 분담은 달라진다.

▎역할별 책임

BIM 관리자는 전체 BIM 프로세스를 관리하거나(총괄 관리자) 건축 및 구조, MEP 등 분야별 과정을 관리하며(분야별 관리자) 참여자 간 협업을 운영하는 BIM 수행계획을 수립하고 각 분야별로 만들어진 BIM 데이터를 통합하며 협업 프로세스를 운영하고

단계별 성과물을 관리한다.

BIM 분석자는 구축된 BIM 데이터를 활용하여 여러 가지 관점에서 설계 및 시공 과정이 발주자와 프로젝트의 요구사항을 제대로 반영하고 있는지를 분석한다. 예를 들면, BIM을 활용한 면적, 법규, 간섭, 물량, 예산, 친환경, 시뮬레이션 등의 검토를 통해 설계안이 발주자의 요구사항에 부합하는지 확인하고 그 밖에 필요한 분야의 분석을 수행하는 것이다.

BIM을 구축하는 모델러는 BIM 형상 객체를 구축하고 객체별 필요한 정보를 입력한다.

건축 프로젝트의 특성상 건축사들은 이 세 가지 역할과 책임을 모두 갖게 될 것이다. 왜냐하면 건축사의 설계안을 기준으로 구조, 기계, 전기, 토목 등의 설계가 진행되기 때문에 모델을 통합하고 간섭을 찾아 조율하는 역할을 수행해야 하며, 발주자의 예산, 에너지 절감형 설계 등 여러 가지 요구사항에 설계안이 부합하는지 지속적으로 검토해야 하기 때문이다.

반면, 발주자, 건설사업관리자, 엔지니어, 시공사 등은 프로젝트 규모나 특성에 따라 이 중 한두 가지 역할만 맡을 수도 있다.

예를 들면, 건설사업관리자는 설계단계에서 설계관리, 예산 검토, 시공성 검토 등을 목적으로 BIM을 활용할 것이다. 또 이들은 설계관리와 VE Value Engineering 그리고 예산, 시공성 검토, 최종 성과물 확인 등의 업무를 하기 때문에 BIM 매니저 또는 코디네이터와 애널리스트의 역할을 하게 될 것이다.

시공단계에서는 샵드로잉 구축을 전문건설사가 수행하기 때문에 이들이 모델러와 애널리스트의 역할을 수행하고, 종합건설사는 매니저와 애널리스트의 역할을 갖는 것으로 이해하면 된다.

▌BSP

현실적으로 앞의 세 가지 역할 외에 한 가지가 더 있다. 바로 BIM 서비스를 제공하는 BSP BIM Service Provider이다. BSP는 전문 분야별로 해당 업무를 지원하거나 필요한 자료 및 기술 지원을 수행하는 BIM 서비스 전문업체를 뜻한다. 아직 건축서비스/엔지니어링/건설 관련 분야의 건축사나 실무자들이 BIM 프로세스에 익숙하지 못하기 때문에 모델 구축이 별도의 용역에 의해 수행되거나, 필요한 라이브러리 및 템플레이트 구축 등 이들의 지원이 절대적으로 필요하기 때문이다.

▌BSP의 역할과 책임도 BIM 수행 수준에 따라 다르다

BIM 수준이 낮은 단계에서 프로젝트 참여자들은 2D CAD 도면 중심의 기존 방식으로 수행하고, BIM은 BSP에게 별도로 구축하도

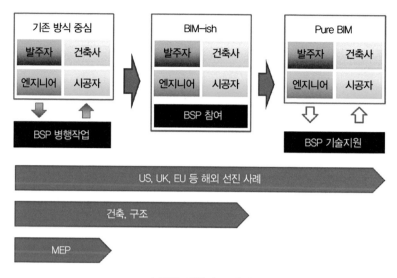

BIM 수준별 역할과 조직의 차이

록 맡겨서 설계에 뒤따라가는 소위 'BIM 전환설계' 작업으로 진행한다. 즉, 건축사는 2D CAD로 설계하고, BSP는 도면을 받아 BIM을 만들고 검토하는 방식이다.

하지만 이 방식은 BIM 효과가 거의 없다. 왜냐하면 항상 건축사의 설계를 뒤따라 갈 수밖에 없어서 BIM 모델을 구축해오면 그동안 설계는 다시 변경되어 최신 버전의 설계와 BIM 모델이 다른 경우가 빈번하기 때문이다. 이런 경우 거의 실시설계 100% 도면이 BIM 최종 성과물에 반영되지 못하게 되기 때문에 설계도면과 BIM 데이터의 정합성이 확보될 수 없다.

BIM 사례가 많아지고 시행착오를 통한 학습효과로 조금 발전하여 거의 BIM 프로세스에 해당되는 'BIM-ish' 프로세스로 진행되는 경우도 생기면서 설계도면과 BIM의 상이한 부분이 줄어들고 있다. 이는 설계단계에서 건축사, 엔지니어, BSP가 합동사무소를 만들고 설계를 함께 진행하는 형태이다. 즉, 건축사가 BIM 설계 프로세스를 주도하고 부족한 부분을 BSP가 지원하면서 함께 BIM 설계를 수행하는 것이다.

이런 프로세스에서는 어느 정도 설계도면과 BIM 데이터의 정합성이 확보되고 크지는 않지만 어느 정도 BIM에 대한 효과도 볼 수 있다. 현재 국내 건설프로젝트 중 BIM 경험이 어느 정도 있는 설계사무소 또는 건설사가 이 정도 수준으로 BIM을 수행하고 있다고 판단된다.

여기서 더 발전하게 되면 'Pure BIM'으로 가게 되는데, 이는 모든 참여자들이 자신이 맡은 부분에서 직접 BIM으로 설계하고 BSP는 기술지원이나 BIM 프로세스 컨설팅에 초점을 두고 진행하는 것이다. 3장에서 소개한 IPD 사례가 이 수준에 해당된다고 볼 수 있다.

건축설계단계에서 BIM은 당연히 건축사와 엔지니어에 의해 구축되고 주관되어야 한다. 하지만 각 분야별 BIM은 각 분야별 전문가에 의해서, 또 시공단계로 들어가면 샵드로잉을 만드는 자에 의해 BIM이 구축된다. 정확히 말하자면 BIM이 현실로 구현되기 위해서 단계별로 더 구체화되어가는 과정인 것이다. 이런 의미에서 BIM에서 LOD를 Level of Detail보다 Level of Development라고 말하는 이유이기도 하다.

02

P-M-C-A로 운영하라

앞에서 이미 BIM 수행계획서의 중요성에 대해서 강조한 바 있다. 더 나아가 나는 올바른 BIM 수행을 위해서 ISO 9000과 같은 품질경영 시스템 개념을 BIM 프로세스에 도입하여 Plan - Model - Check - Action P-M-C-A Cycle을 기반으로 한 BIM 품질관리체계로 운영해야 한다고 주장해왔다(진상윤, 2010).

건설품질 확보를 위해 Plan - Do - Check - Action P-D-C-A Cycle로 품질관리가 이루어지듯이, 계획된 품질의 BIM을 구축하고 이를 기반으로 프로젝트의 가치를 극대화하기 위하여 BIM Plan을 수립하고 이를 기준으로 BIM 데이터를 구축하며Do, 구축된 BIM을 분석하고 검토하여Check, 발견된 문제점과 그 해결책을 모색하고 이

를 바탕으로 조치를 취하는^{Action} 선순환형 운영 프로세스를 구축
하는 것이다.

▌Plan

Plan은 앞서 BIM 수행계획서 작성에서 언급한 바와 같이 BIM
적용 목표와 범위를 설정한다. 단계별 활용 분야와 BIM의 상세
수준을 결정한다. 발주자를 포함한 프로젝트 참여자들 간 정보
공유와 협업 방법을 계획하고 역할을 결정하는 것이 Plan의 주요
내용이다.

▌Model

Model은 BIM 데이터를 구축하는 것을 의미한다. 단계별로 분야
별로 모델을 구축하고 관련된 정보를 확보한다. 또한 통합 모델을
구축하여 Check 프로세스를 준비한다.

이 구축과정은 3D 형상 정보뿐만 아니라 관련된 정보의 확보,
표준에 의거한 정보체계 구축 등이 포함되는데, 이는 여러 참여자
들이 BIM 데이터를 여러 가지 목표에 의거하여 활용할 수 있다는
점에서 매우 중요하다.

예를 들면, 객체에 대한 부위 분류가 제대로 되어 있지 못하다면

BIM을 이용하여 4D 공정 Simulation이나 물량 산출을 수행할 수 없거나 상당한 재작업이 필요하게 된다.

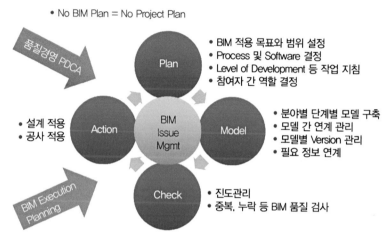

P-M-C-A 기반 BIM 프로세스

▌Check

Check는 구축된 모델을 분석하여 설계상 오류나 누락된 부분, 또는 시공성 분석, 물량 산출 및 견적, 공기 준수 가능성 검토, 에너지 분석 등 가능한 모든 분석을 포함한다.

이 분석과정을 통해 발견된 문제점 또는 논의사항을 일반적으로 BIM 이슈 Issue라고 부른다. 다양한 분석을 통해 본 사업이 발주자의 요구사항과 목표에 부합하게 진행되는지를 확인할 수 있다.

이슈가 발생할 경우 해당 이슈를 기록하고 이슈를 통해 얻게 되는 프로젝트의 가치(절감, Risk 방지 금액, 공기단축, 생애주기 비용절감 등)를 정량화할 수 있다.

▌Action

Action은 파악된 이슈에 대한 문제점을 확인하고 이에 대한 해결책을 모색하며 조치사항을 협의하고 이행한다. 조치사항에 의거 참여자들이 계획을 수정하고 이에 의거하여 BIM을 수정하거나 후속작업에 반영하도록 관리한다.

이렇게 P-M-C-A 과정은 사업이 진행되는 동안 선순환형으로 지속되어야 한다. 또한 이 과정에서 파악된 BIM 이슈는 매우 중요한 지식자산이기 때문에 프로젝트 단위뿐만 아니라 기업 차원에서도 이슈를 효과적으로 수집, 관리, 재활용할 수 있는 정보관리체계를 구축해야 한다.

03
BIM 이슈는 지식자산이다

BIM 이슈Issue는 매우 중요한 프로젝트 자산이다. 설계과정에서 발견된 BIM 이슈는 시공단계에서 해당 부위에 대한 공사가 진행되기 이전에 이슈가 제대로 해결되었는지 그 사항이 시공계획이나 샵드로잉 개발에 반영되었는지 다시 한번 상기시킴으로써 리스크를 사전에 차단할 수 있다.

BIM 이슈가 지식데이터베이스를 통해 관리된다면 추후 유사 프로젝트에 대한 제안서나 계획 수립에서 예상되는 리스크 규명에 효과적으로 활용될 수 있다.

또한 이것들은 사내 구성원에 대한 교육자료로도 매우 훌륭하다. BIM으로 표현된 이슈는 2D 도면일 때보다 무엇이 문제였고,

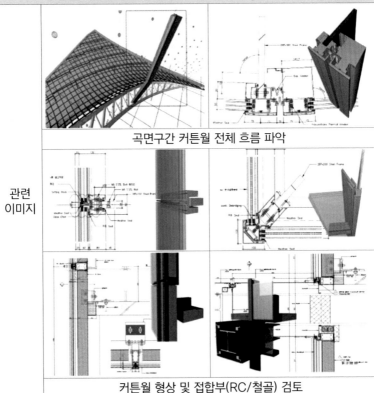

BIM 이슈 보고서 사례(이미지 제공 : (주)두올테크)

어떻게 해결되었는지 이해하는 데 훨씬 더 효과적이기 때문이다. 따라서 BIM을 적용한다면 BIM 이슈관리체계를 통해 어떻게 지식 기반화할 것인지도 같이 고민을 하는 것이 바람직하다.

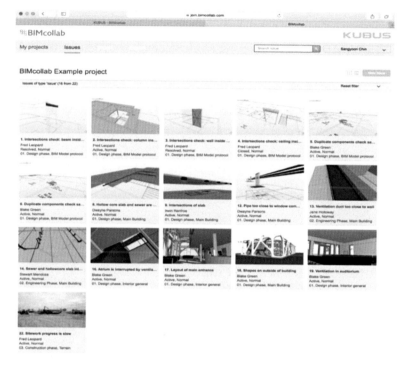

BIM Issue 관리 서비스 사례(bimcollab.com)

▌LH 신사옥 사업의 BIM 이슈 및 가치 분석

또한 BIM 수행과정에서 도출된 각종 이슈들은 공종별 위치별 부위별 등으로 분류될 수 있으며 이슈에 대한 가치(BIM을 통해 발견함으로써 방지된 낭비비용)를 정량화하는 것에도 활용할 수 있다.

LH 진주 신사옥의 경우 시공단계 BIM 수행을 통해 약 511건의 이슈를 파악하고 약 600억 원어치의 공사에 해당되는 문제점을 해결한 것으로 분석된 바 있다. 이 중 66%에 해당되는 338건은 두 가지 이상의 공종에 영향을 주는 복합공종 이슈인 것으로 파악되었다. 이슈 유형별 분포를 보면 시공성 검토, 부재 간섭, 미관을 고려한 대안 검토 등을 포함하여 다양한 유형으로 발생한 것을 알 수 있다. 이것들이 모두 지식 기반이 될 수 있는 소중한 자산인 것이다.

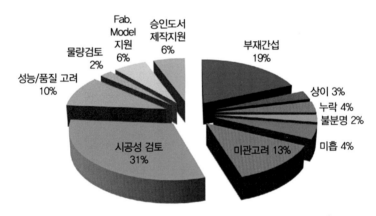

LH 진주 신사옥 BIM 이슈 유형별 검토(Kim at el., 2017)

이 사업에서 BIM 가치는 총공사비 대비 BIM 활용이 차지하는 비율로 정의하였다. BIM의 가치를 정량적으로 분석하기 위해 시공 BIM Process를 통해 현장에서 작성된 보고서를 바탕으로 추출한 이슈와 계약내역서 연계를 통해 BIM이 없었다면 발생 가능한 추가 공사비를 산정하여 BIM 가치 분석을 진행하였다. 분석된 이슈 중 내역과 연계가 가능한 472건의 이슈를 도출하였으며, 그 결과 총공사비 대비 약 16%에 해당되는 부분의 문제점을 파악하고 해결하는 것에 BIM이 기여한 것으로 나타났다. 이 가치 분석에 대한 자세한 내용은 참고문헌의 Kim et al.(2017)에 자세히 기술되어 있다.

CHAPTER 07

건설사업관리자와 BIM

01

BIM에서 CMr의 역할

▌BIM 안 하면 없어질 수 있는 CM

그동안 내가 관찰해온 BIM 사례들을 보면 BIM 수행 프로세스상에서 건축사, 엔지니어, 시공사에 비해 건설사업관리자CMr, Construction Manager들의 역할이 모호하고, 실제 CMr들 자신들이 BIM이 적용되는 프로젝트에서 무엇을 해야 할지 모호하거나 두려워하는 것을 느낄 수 있었다(정용채 외, 2015). 만약 이런 식으로 CMr이 자신들의 역할을 제대로 정의하지 못한다면 장기적으로는 건설사업관리 업역에도 상당한 악영향을 미칠 수 있다.

건축사들이 BIM을 활용한다면 설계안을 최적화하는 것은 물론 각종 리스크를 BIM을 통해 해소할 수 있기 때문에 건설사업관리자를 고용하는 것보다는 ECI(3장 4절 '새로운 건설 비즈니스 방식과 BIM' 참조) 방식으로 전문업체를 설계단계부터 참여시키고 대신 자신들에게 설계비를 더 달라고 주장할 것이다.

물론 현행법상 건설사업관리자를 고용하도록 되어 있지만, 장기적으로는 업역별 역할과 책임의 변화가 발생할 수도 있다는 것이다. 하지만 내가 여기서 이야기하고 싶은 것은 CM이 없어질 것이라는 것이 아니라 CMr이 건설사업 생애주기 동안 BIM 프로세스상에서 자신들의 역할을 제대로 이해하고 이를 CMr의 업무에 흡수해야 한다는 것이다.

▎ CMr은 생애주기 BIM 코디네이터이다

사실 CMr은 생애주기 동안 BIM 매니저 또는 코디네이터의 역할을 해야 한다. 설계단계에서 설계 BIM이 구축되는 것은 건축사의 주관하에 엔지니어들과 협업을 통해서 수행되고, 시공 BIM은 시공사의 주관하에 전문업체들과 협업을 통해서 구축되는 것이지만, CMr은 사업 초기에 발주지침 또는 과업지시서상에서 본 사업에서 수행할 최소한의 BIM 요구사항을 명시하고, 이를 바탕으로 설계 또는 시공 용역사들이 BIM 수행계획서를 작성하여 제출할 것을 요구한다.

건축사 또는 시공사가 지침에 의거하여 적정한 BIM 수행계획을 수립하였는지를 검증하고 승인하는 것이 사업자 선정 직후 CMr이 해야 할 업무이기도 하다.

또한 CMr은 설계 또는 시공단계 동안 사업 주체들이 계획대로 BIM을 수행하고 있는지를 관리 감독하며, 각 단계별 성과물이 후속단계에서 활용 가능한 수준으로 도출되었는지를 검증해야 한다.

즉, 설계단계의 성과물인 실시설계 100% 승인 도면과 BIM 데이터의 정합성이 확보되었는지, 그리고 시공단계에서 수집된 각종 준공 BIM 데이터가 유지관리단계에서 활용할 수 있는 충분한 수준으로 확보되었는지를 검증하는 것도 CMr의 역할이다.

또한 설계단계와 시공단계에 걸쳐 BIM 프로세스에 참여하여 각종 리스크를 규명하고 여러 참여자 간 BIM 데이터를 효율적으로 공유하고 협업할 수 있도록 조율하며 발주자가 신속하고 효과적으로 의사결정을 하도록 지원하는 것이 CMr의 역할이다.

이상에서와 같이 BIM 데이터 구축 그 자체는 기본적인 CMr의 역할이 아니다. 만약 CMr이 우리가 BIM의 A부터 Z까지 모든 것을 다 하겠다고 하면 다른 사업주체들이 해야 할 일까지 한다는 것이며 이는 BIM 수행 방향과 전략을 완전 잘못 짚은 것이다.

▌BIM에서 CMr의 역할

CMr은 BIM 프로세스에서 자신들의 서비스를 기반으로 BIM

데이터를 활용하고 검증하며 발주자를 대리하여 전체적인 프로세스를 관리하는 것에 초점을 두어야 한다.

다시 말하면, 5장에서 언급한 바와 같이 BIM 프로세스에는 BIM 모델러, BIM 분석자, BIM 관리자의 역할이 있는데, 이 중에서 CMr의 역할은 BIM 관리자와 BIM 분석자에 해당된다.

설계단계에서 건축사와 엔지니어들이 구축한 BIM 데이터를 분석하여 발주자가 요구하는 공간의 종류와 면적에 부합하게 설계되고 있는지, 발주자의 예산에 맞추어 설계가 진행되고 있는지, 또 시공상에서 문제가 예상되는 설계 부분은 없는지를 검토하고 분석하는 역할과 위에서 언급한 설계관리 프로세스를 수행하는 것이다.

즉, CMr은 BIM 데이터 구축이 아닌 CM 서비스를 기반으로 데이터를 활용하고 검증하는 것에 초점을 두어야 한다는 것이다.

02
CMr에게도 BIM은 기회다

분명 CMr에게도 BIM의 활용은 CMr의 역량을 강화하고 서비스 가치를 높여 CM 활성화를 도모할 수 있는 기회이다. BIM을 통해 지식자산을 확보하여 역량을 강화할 수 있는 기반을 구축할 수 있을 뿐만 아니라, 고객에 대한 CM 서비스 차별화와 고품질화를 달성하고 또 글로벌 경쟁력을 확보할 수 있다.

▌CM 서비스 차별화 및 경쟁력 강화 전략

이를 위해 다음과 같은 세 가지 전략을 제안해보고자 한다.

첫째, 건설사업 생애주기 동안 발생하는 여러 가지 BIM 이슈를 축적하고 관리할 수 있는 기반을 구축해야 한다. CMr은 발주자의 대리인으로서 생애주기 동안 BIM 수행과정을 관리 감독한다.

이 과정에서 설계와 시공단계에서 BIM이 수행되는 동안 파악되는 모든 문제점과 해결방안은 중요한 BIM 이슈로 매월 또는 주기적으로 발주자와 CMr에게 보고된다. 이 이슈들은 단순히 수행 결과가 아니라 시공단계에서 공사수행 전 다시 한번 확인하여 이슈들이 제대로 해결되었는지 확인할 수 있고, 향후 유사프로젝트 계획 시 예상되는 리스크로 재활용될 수 있다.

또한 BIM 기반 VE Value Engineering를 통해 실질적인 비용 절감 방안을 더욱 실질적이고 효과적으로 도출할 수 있다. 이러한 이슈와 수행사항을 지식데이터베이스에 축적함으로써 CMr의 리스크 분석 및 예측 역량뿐만 아니라 VE 수행 역량을 강화하는 것은 물론, 직원 교육에도 활용할 수 있기 때문에 전반적으로 기업 경쟁력을 높이는 결과를 가져올 것이다.

둘째, BIM 기반 서비스를 통해 민간 부분에 새로운 시장을 개척하고 CM 서비스 가치를 고도화할 수 있는 전략을 세워야 한다. BIM은 CMr로 하여금 발주자에게 설계에 대한 이해와 정확한 예산관리, 사업기간에 대한 보다 정확한 예측을 수행할 수 있도록 활용함으로써 발주자로부터 보다 신뢰할 수 있는 이미지를 확보하고 CM 서비스 대가에 대한 가치를 높임으로써 고품질 CM 서비스를 제공하는 기업 이미지를 구축하고 민간시장을 확대할 수 있다.

BIM은 대형 프로젝트는 물론 100억 미만의 중소규모 사업에도 효과적으로 활용할 수 있다. 사실 민간 부분 중소규모 사업에서 설계도서 부실과 설계 변경, 시공성 등을 문제 삼아 공사비가 증가하는 사례들이 많이 있으며 민간 발주자들이 가장 문제시하고 있는 부분이기도 하다.

예를 들어, 설계비가 얼마 안 되다 보니 BIM 수행능력이 없는 설계사무소에 의해 미흡한 2D 설계도면이 만들어지고, 시공능력이 떨어지는 중소건설업체가 시공을 수주하며, 대다수의 외국인 건설근로자들로 시공이 이루어지는 경우를 생각해보자.

이런 경우 CMr은 2D 도면을 바탕으로 BIM을 직접 구축하여 설계도면 오류와 누락 등을 포함하여 각종 설계 및 시공성 검토를 수행할 수 있다. 발주자 또한 이를 통하여 2D 도면보다 훨씬 더 쉽고 효과적으로 설계안을 이해할 수 있으며, 자신이 원하는 공간이 확보되었는지도 더 정확히 알 수 있다.

더불어 CMr은 그들이 구축한 BIM으로부터 주요 자재에 대한 물량을 산출하여 발주자의 예산에 맞춰 설계가 되고 있는지 확인해줄 수 있다.

또한 시공단계에서는 BIM을 통하여 전문건설사와 건설근로자들이 설계안을 제대로 이해하고 공사를 수행할 수 있다. 외국인 건설근로자들 또한 BIM을 통해 자신들이 공사할 부분이 어디이고 어떻게 공사해야 하는지를 이해하기 수월하며, 어떤 부분이 안전상 유의해야 하는 부분인지에 대한 이해도 쉽게 할 수 있다.

이렇게 설계자와 시공자의 능력이 떨어지는 건축사업에서 CMr 은 BIM이라는 효과적인 전략적 도구와 프로세스로 그들의 서비스를 높이고 시장을 확대할 수 있는 기회가 생기는 것이다.

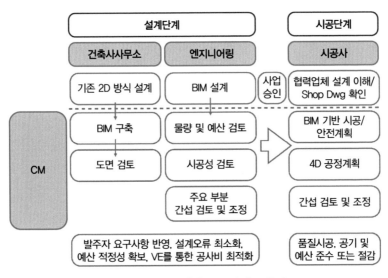

민간 부분 BIM 기반 CM 서비스 예시

셋째, BIM과 린건설 개념을 기반으로 한 CM 업무 프로세스 구축을 통해 선진화된 글로벌 수준의 CMr 역량을 확보하자.

8장에서 구체적으로 이야기하겠지만 BIM을 실질적으로 도입 하기 위해서는 CM 업무 프로세스에 BIM이 연계되어야 한다. 물론 이렇게 되기 위해서는 그 프로세스상에 연관된 CM 실무자들이 BIM이 연계된 프로세스를 받아들여야 한다.

기존 방식에서 벗어난 새로운 BIM 기반의 협업 프로세스를 배우고 이를 기반으로 설계관리, 시공관리를 할 수 있어야 한다.

만약 글로벌 CM 시장에 진출하고자 한다면 이것은 더욱 필요한 부분이다. 앞서 3장에서 언급한 바와 같이 새로운 건설 비즈니스 방식이 BIM과 함께 적용되고 있다.

IPD 계약방식 또는 ECI 등을 통해 전문업체들이 설계 초기부터 참여하고 BIM을 기반으로한 의사소통과 협업 그리고 VE가 지속적으로 이루어진다. 참여자들이 설계 초기단계부터 주요 업무과정을 협의하고 린건설 개념의 VSM Value Stream Mapping 작업을 통해 후속과정에서 필요로 하는 사항을 염두에 두고 선행과정에서 작업을 수행한다.

글로벌 시장에서 BIM이 확대되고 린건설의 Big Room 개념과 VSM을 기반으로 한 설계 및 시공 협업이 강조되는 비즈니스 프로세스로 진화하고 있는 것이다. 이에 대응할 수 있는 CMr 관점의 비전과 전략 수립이 필요한 시기이다.

▎CMr의 BIM은 스스로 BIM 데이터를 보고 문제점을 찾아내는 것부터 시작한다

CMr의 역할이 BIM을 직접 구축하는 것이 아니다 보니 기존 사례에서 CM의 역할이 모호하고 BIM 프로세스에 제대로 참여하지 못한 것도 사실이다. 어떤 경우에는 설계사나 시공사가 CMr에게 너무 적나라하게 설계정보를 보여줌으로써 자신들에게 불리한 상황이 올까 봐 두려워하는 경우도 있다. 그렇기 때문에 관리 감독을 받는 입장에서는 꺼리고 또 CMr 입장에서도 BIM 데이터를 받아서 뭔가 하려면 배워야 하는데, 이에 대한 부담과 두려움이 있어서 꺼려지는 부분도 없지 않다. 이것은 아무에게도 도움이 되지 않는다. 글로벌 시대의 변화에 도태되고 있는 꼴이 되는 것이다.

CMr의 BIM 시작은 거창한 것에서 시작되는 것이 아니다. 5D BIM을 구축해서 물량 산출, 견적, 기성관리까지 하겠다는 허황된 비전은 좀 뒤로 미루고, BIM을 기반으로 실질적으로 설계관리와 시공관리를 효율적으로 할 수 있는 프로세스를 구축하는 것부터 시작하자. 이것은 전혀 어렵지 않다.

CMr의 BIM 시작은 설계자로부터 받은 BIM 데이터를 직접 열고 앞뒤/좌우로 돌려보며, 3차원 단면 모델을 생성하고, 설계상 또는 시공상 예상되는 문제점을 파악하는 것부터이다. 2D 도면을 바탕으로 머릿속에서 해석하고 상상하던 것에서 진화하여, 이젠 컴퓨터상에서 3차원 모델과 BIM 데이터를 직접 보면서 문제점을 파악하고 이에 대한 해결책을 관련 당사자들과 협의하고 만들어 내는 것이다.

▍BIM 기반 CM 서비스 도출

그렇다면 어떤 CM 서비스를 BIM과 연계할 것인가를 궁금해할 것이다. 우리 연구실은 2014년에 CM 회사의 업무를 분석하고 BIM과 연계성 확보 방안을 연구한 적이 있다. 이 연구에서는 다양한 CM 업무와 BIM 활용 분야를 분류하고 BIM 활용이 가능한 CM 서비스를 분류하고 분석한 결과 크게 그림과 같이 네 가지 업무로 나눌 수 있었다.

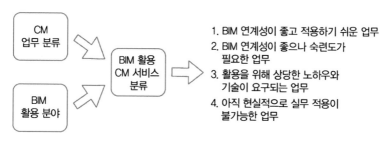

CM 업무와 BIM의 연계 전략

▍BIM 연계성이 좋고 적용하기 쉬운 CM 업무

그중 BIM 연계성이 좋고 적용하기 쉬운 CM 업무를 열거해보면 다음과 같다. 다음 업무들은 약 일주일간의 BIM 개론과 실습교육으로도 충분히 수행할 수 있다고 판단된다.

1. 설계 및 시공성 오류 검토: 설계관리의 일환으로 BIM 기반 육안검사에 해당된다. BIM 모델을 자신 스스로 오픈하고 3차원상의 모델을 자유자재로 돌려보며 검토한다. 또한 3D 단면 View나 2차원 단면선 지정을 통해 생성된 단면을 보면 설계안을 검토하고 시공상 문제가 발생할 수 있다고 판단되는 부분의 View를 잡아 보고서를 작성할 수 있다.

2. 실시설계 BIM의 완성도 및 적정성 검토: 실시설계단계의 성과물인 BIM의 완성도와 적정성을 검증하는 것으로 실시설계도서와 BIM 데이터의 정합성이 확보되고 있는지 설계관리 차원에서 또 이것들이 시공단계에서 충분히 활용 가능한 수준인지 검토한다. 또한 실시설계 100% 도면과 BIM 데이터의 정합성을 중심으로 확인하며, BIM 데이터가 형상뿐만 아니라 부재 정보를 객체의 속성에 제대로 포함하여 간섭 검토, 물량 산출, 4D BIM 등에 활용하기에 적정한지를 검토한다.

3. 공간 모델Space Model을 활용한 실/구역별 면적 확보 검토: 공모단계에서 제출된 BIM 데이터로부터 공간 모델과 데이터를 추출하고 발주지침상에서 요구한 실/구역별 면적이 오차 범위에서 확보되었는지 검토한다. 또한 설계관리단계에서도 BIM 데이터를 통해 현재 진행 중인 설계안에서도 실/구역별 면적에 대한 요구사항이 제대로 반영되고 있는지 확인한다.

4. 간섭 체크 및 설계 조정 : 건축, 구조, 기계, 전기, 소화설비, 토목 등 다양한 분야에서 만들어진 BIM 데이터를 통합하고 간섭을 파악하고 분야 간 설계 조정을 수행한다. 이 과정은 일반적으로 설계단계에서는 건축사사무소가 시공단계에서는 시공사가 주관이 되어 수행한다. CMr 관점에서는 이 업무 프로세스에 참여하여 적절한 단계에서 간섭 검토가 주기적으로 이루어지고 또 발견된 간섭들이 제때 해소되고 있는지를 파악하는 것이 중요하다.

5. 4D BIM을 통한 공정계획 및 대안 검토 : 기존의 공정계획 수립 및 공정 검토를 4D BIM을 통해 수행한다. 여러 가지 스케줄 대안을 도출하고 대안별로 4D BIM을 구축하여 프로젝트 참여자들과 협의하고 공정계획에 대한 타당성과 공기 준수 가능성 또는 공기단축 방안 등을 분석한다.

6. BIM 추출 도서 및 정보의 적정성 검토 : BIM으로부터 추출된 설계도면과 도서 정보의 적정성을 검토한다. 이를 위해서는 먼저 BIM 데이터 내에 요구되는 정보가 제대로 포함되어 있는지를 먼저 확인할 수 있어야 한다.

7. 준공 BIM 적정성 검토 : 시공단계 성과물인 준공 BIM의 적정성을 검토하는 것으로 실제 준공상태와 BIM 데이터의 정합성 외에도 준공 BIM 데이터에 유지관리단계에서 필요로 하는 정보들이 확보되었는지를 확인한다.

▌BIM 수준이 어느 정도 확보된 후 연계 가능한 CM 업무

처음엔 어려울 수 있으나 어느 정도 BIM 경험이 쌓이고 자신감이 생기면 다음과 같은 CM 업무로 BIM 연계를 확대할 수 있다고 판단되는 부분이다.

BIM 데이터와 지침에서 요구하는 표준/기준의 부합성 검토- 발주지침에서는 BIM 데이터와 관련하여 부재 코드나 작성대상 부재 타입 및 관련 정보들을 요구하고 있다. 이러한 정보들이 기준에 맞춰 제대로 확보되어 있는지 확인한다. BIM 도구를 통해 각 객체별 속성 정보를 파악하고 적합한 속성 기준에 부합하는 정보의 형태로 데이터가 확보되어 있는지 확인한다.

1. 주요 부위에 대한 물량 산출 : BIM 소프트웨어 내에서 구조부재, 창호, 문, 커튼월 등 주요 부위에 대한 물량 산출이 어느 정도 가능하다. 주요 부위에 대한 부피, 면적, 개수 등의 물량 파악을 통해 예산 검토 또는 시공사가 제시하는 물량 변동으로 인한 추가 비용 요구 등에 대한 적합성을 판단할 수 있다.
2. 공간 모델을 이용한 주요 마감재 물량 산출 : 2장에서 소개한 바와 같이 공간 모델로부터 천정, 벽, 바닥에 대한 면적을 산출할 수 있다. 이렇게 산출된 데이터를 바탕으로 주요 마감재에 대한 물량을 산출할 수 있다.
3. 가설재를 포함한 4D 공정 시뮬레이션 검토 : 타워크레인, 현

장펜스, 복공판, 흙막이벽, 호이스트 등은 설계단계 BIM에서 구축되지 않는다. 하지만 시공계획이나 현실적인 공정계획을 위해서는 가설부재들이 BIM에 포함되는 것이 필요하다. 이러한 가설부재를 BIM 데이터에 포함시키고 이것들과 스케줄을 연동하여 4D BIM을 구축할 수 있다.

4. BIM 모델을 이용한 시공도 검토 : 시공 BIM 검토에 해당되는 내용이다. 설계단계에서 생성된 설계 BIM을 바탕으로 시공상 발생할 문제점이 없는지를 파악한다. 필요한 경우 설계변경 또는 조정이 되어야 할 부재를 파악하고 대안을 제시할 수 있다. 2.2 시공단계 BIM에서 소개한 BIM 시공도를 통한 실시설계 BIM의 적정성 검토를 수행할 수 있다.

5. 시공 상세 수준의 간섭 체크 및 설계 조정 : 시공단계에서도 실질적인 간섭 체크와 설계 조정이 많이 발생한다. 왜냐하면 대부분의 전문건설사와 자재공급업체들이 시공단계에서 결정되다 보니 실질적인 문제점이 그때서야 파악되는 경우도 많고, MEP 분야의 경우 부재별 구체적인 설치 경로가 전문건설사가 결정된 후 샵드로잉을 통해 결정되기 때문이다. 따라서 시공단계에서 일정 기간의 리드타임을 가지고 BIM 운영을 하는 것이 필수적이다. CMr은 BIM 관리자로서 긴박한 시공 일정 동안 효과적인 BIM 운영과 문제점 파악 및 해결이 적정한 시기에 이루어질 수 있도록 관리하는 것이 필요하다.

6. 비정형 건축물 Digital Fabrication의 적정성 검토 : 3.2 비정형 건축물과 BIM에서 설명한 사항들 — 패널 최적화, 외피와 구조 시스템 간 관계, 적정한 재료의 선정, BIM 데이터 구축, 3D 제작 모델, CNC 연동, 간섭 체크, 목업 검증 등의 일련의 과정이 합리적으로 수행되고 있는지 모니터링하고 관리한다.

7. BIM 기반 안전계획 검토 : 안전 관련 BIM 데이터 구축의 주관은 시공사이겠지만 CMr은 안전관리 요구사항들이 제대로 계획되었는지 BIM을 통해 확인할 수 있어야 한다. 또한 이러한 내용들이 안전교육이나 현장 안전관리에도 잘 활용되고 있는지를 관리한다.

8. 유지관리단계 필요 정보 확보 여부 검토 : 유지관리단계에서도 BIM 데이터는 여러 가지 목적으로 활용할 수 있다(2장 3절 '유지관리단계 BIM' 참조). 따라서 CMr은 설계단계부터 시공단계에 이르기까지 유지관리에서 필요로 하는 정보들이 적정하게 BIM 데이터에 확보되고 있는지 확인해야 한다. COBie 형식의 데이터 제출이 요구되는 경우 BIM 데이터가 제대로 추출되었는지 검증한다.

03

CMr의 BIM 운영 프로세스

▍CMr의 BIM 수행 및 지원체계

CMr은 본사와 현장차원에서 어떻게 BIM 체계를 구축해서 운영하는 것이 바람직할 것인가에 대해서 살펴보겠다.

현재는 CM 사업단의 대부분 실무자들이 BIM에 대한 활용능력이 떨어지기 때문에, 각 사업단별로는 1∼2명 정도 BIM 관리자 또는 분석자를 배치하는 것이 바람직할 것이다. 건축과 구조 부분을 담당하는 자와 기계, 전기, 소화설비 등 MEP 분야를 담당하는 자 등 2가지 분야에 대해 분야별 한 명 정도가 적정할 것으로 판단한다.

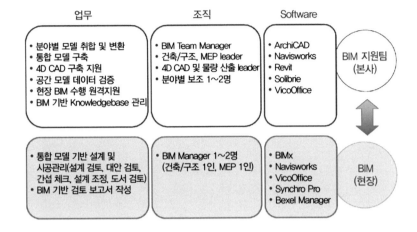

물론 사업단별 2인 정도의 인력만으로 BIM 기반 CM 업무가 충분한 것은 아니다. 사업단 내의 실무자들이 BIM을 자신들의 업무에 제대로 흡수할 때까지는 본사에 BIM 지원팀을 구축하고 이들이 각 사업단의 BIM 수행을 교육시키고 또 원격지원할 수 있어야 한다. 사업단 내 실무자들이 BIM 분석과 검토를 하기 앞서서 기반 데이터 구축이나 각종 기술적 문제점을 해결하기 위한 지원이 필요하기 때문이다.

또한 각 사업단에서 발생한 각종 BIM 이슈를 수집하고 이를 지식데이터베이스Knowledge Base화시켜서 향후 유사 프로젝트 계획이나 직원에 대한 교육에 활용할 수 있어야 한다.

그 밖에 본사 BIM 지원팀은 BIM에 대한 표준과업지시서를 개발하고, 이를 기반으로 각 사업별 BIM 담당자가 사업특성에 맞는 BIM 관리 지침을 설계 및 시공 등 단계별로 개발할 수 있도록 지원해야 한다.

각 사업별 담당자는 설계자 또는 시공자가 제출한 BIM 수행계획을 검토하고 필요시 수정을 요청하거나 발주자에게 승인을 추천할 수 있다. 이렇게 확정된 BIM 수행계획서는 CMr에게는 BIM 수행을 관리하고 감독할 수 있는 가이드의 역할을 하게 되며, 설계자 및 시공자와 더불어 BIM 기반 협업 프로세스를 진행하게 되는 것이다.

사업단의 BIM 담당자는 각 단계별로 제출된 BIM 성과물이 유효한지 검증하고 이를 발주자에게 보고해야 한다. 각 단계별 성과물, 예를 들면 설계단계는 실시설계도서와 BIM 성과물 그리고 시공단계는 준공도서와 BIM 성과물이 있다.

실시설계도서와 BIM 데이터의 정합성을 확보하는 것이 중요하다. 이는 시공사와 전문업체가 시공단계에서 설계안을 이해하고 정확한 시공계획과 샵드로잉을 만들고 계획된 품질의 시공을 완수하는 데 필수적이기 때문이다.

준공도서와 BIM 성과물은 준공 BIM이 실제 공사한 상태와 동일한 수준으로 확보되었는지, 시공단계에서 구매된 각종 설비나 장비 등 제품 정보가 제대로 BIM과 연계되어 수집되었는지 등을 검증해야 한다.

설계단계에서는 주요 장비나 설비에 대한 성능이나 규격이 결정되고, 시공단계에서 제품과 모델 그리고 공급업체가 결정되기 때문에 설계 및 시공단계에 걸쳐 BIM 데이터가 수집되고 관리되어야 한다. 이 정보들이 효과적인 유지관리를 위한 필수정보로 시설물유지관리, 빌딩에너지관리, 보안관리 등 여러 가지 관점에서 건물관리를 최적화할 수 있는 방안으로 활용된다.

▍CMr의 설계단계 BIM 활용 프로세스

설계단계에서 CMr의 BIM 활용 프로세스를 살펴보면 다음과 같다. 앞서 언급한 바와 같이 CMr의 역할은 BIM 구축이 아니라 구축된 BIM 데이터를 분석하고 BIM 프로세스를 관리 감독하는 역할이다. BIM 기반의 설계관리를 중심으로 생각하면 쉽게 이해가 갈 것이다.

CMr은 발주자의 요구사항에 의거하여 설계가 진행되고 있는지를 검토해야 한다. 발주자가 요구하는 공간이나 실의 면적 확보가 설계상에 제대로 반영되고 있는지, 발주자의 예산에 맞춰 설계가 진행되고 있는지, 현재 설계안에서 시공성이나 사용성에서 문제는 없는지, 발주자가 요구하는 공기에 공사가 완료될 수 있는지 등을 BIM 데이터 분석을 통해 관리한다.

설계 및 엔지니어링 용역사들이 구축한 BIM 데이터를 취합하고 통합하는 것이 중요하다. 이렇게 통합된 모델을 다각도로 검토하여 각종 리스크를 파악하고 문제점을 해결함으로써 최적화된 설계안을 개발해야 하기 때문이다.

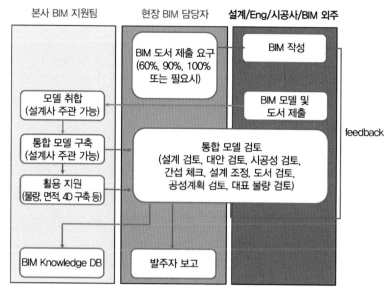

본사 BIM 지원팀   현장 BIM 담당자   **설계/Eng/시공사/BIM 외주**

CMr의 설계단계 BIM 수행

　각 설계자들로부터 작성된 BIM 데이터를 통합하는 작업은 설계
단계의 주관사인 건축설계사무소에서 하는 것이 바람직하다. 그러
나 필요시 통합 모델 구축을 본사 BIM팀에서 수행할 수 있을 것이다.

　건축설계사무소의 목표는 설계도서 산출물에 집중되어 있고
간섭 검토나 조정 등은 문제가 발견될 경우 조치를 취하는 수동적
자세를 취할 수도 있기 때문이다. 통합적 관점에서 문제 파악과
해결은 현실적으로는 CMr이 실시설계 관리차원에서 직접 통합
모델을 구축하고 검토하는 것이 바람직할 수도 있으며, 이는 오히
려 CMr의 업역 확보 또는 서비스 고도화 차원에서도 바람직할
수 있다.

CMr의 본사 BIM 지원팀과 현장 BIM팀 간 협조와 협업도 매우 중요하다. 통합과정에서 발생할 수 있는 BIM 호환성 문제를 해결하고, 각 분야별로 만들어진 BIM 데이터 완성도와 적정성을 확인하는 업무 등을 본사에서 지원함으로써 최소 인력 배치로 인한 현장 BIM팀의 업무 부담을 합리화할 수 있기 때문이다.

구축된 통합 모델은, 예를 들면 Navisworks, Vico Office 또는 Solibri 등 통합 모델 관리 전문 소프트웨어를 통해 설계단계 관리를 수행할 수 있다. 또한 실시설계 완료 시 실시설계도서와 BIM의 정합성을 미리 검토하는 차원에서 BIM 소프트웨어(ArchiCAD 또는 Revit)도 필요할 것이다.

▌CMr의 시공단계 BIM 활용 프로세스

시공단계의 BIM 프로세스에서는 자재공급업체 또는 전문건설사가 포함된다는 점이 일반적인 설계단계와 다른 점이다. 이들은 BIM을 통해 설계안을 이해하고 이를 바탕으로 샵드로잉을 만들고 정확한 부재 제작과 설치, 시공 등을 수행한다.

CMr의 시공단계 BIM 프로세스 시작은 시공사에 시공 BIM 데이터 공유를 요구하는 것에서부터 시작된다. 실시설계도서와 BIM 성과물을 기반으로 시공사와 협력업체가 검토하여 문제점을 파악하고 시공 BIM이 작성된다.

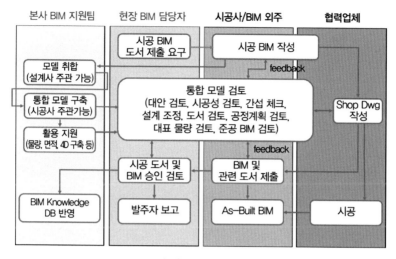

본사 BIM 지원팀 | 현장 BIM 담당자 | 시공사/BIM 외주 | 협력업체

시공 BIM
도서 제출 요구 → 시공 BIM 작성

모델 취합
(설계사 주관 가능)

← feedback

통합 모델 검토
(대안 검토, 시공성 검토, 간섭 체크,
설계 조정, 도서 검토, 공정계획 검토,
대표 물량 검토, 준공 BIM 검토)

통합 모델 구축
(시공사 주관가능)

Shop Dwg
작성

활용 지원
(물량, 면적, 4D 구축 등)

← feedback

시공 도서 및
BIM 승인 검토

BIM 및
관련 도서 제출

BIM Knowledge
DB 반영

발주자 보고

As-Built BIM

시공

CMr의 시공단계 BIM 수행

이때 시공 BIM은 실시설계결과물(설계 BIM)의 완성도에 따라 사업별로 매우 다르게 나타날 수 있다. 설계단계부터 BIM이 적용되었다면 시공사는 설계 BIM을 바탕으로 시공성 검토를 통해 시공성이 반영된 시공 BIM을 만든다.

전문건설사 또는 자재공급업체는 시공 BIM을 바탕으로 샵드로잉을 작성하고 정확한 부재를 제작한다. 제작한 부재를 현장에 설치하거나 시공을 실시하고 필요시 레이저스캐너를 이용한 실측을 통해 시공오차 범위에서 시공이 이루어졌는지 확인한다.

또한 시공단계에서는 실질적으로 MEP 부분에 대한 상당한 BIM 데이터 구축작업이 수행된다. 왜냐하면 해당 분야 전문건설사가 정해져야 구체적인 배관, 덕트, 파이프, 전기케이블 등의 경로가 결정되기 때문이다. 따라서 CM 관점에서 일정 기간의 리드 타임을 가지고 BIM 수행관리를 하는 것 역시 매우 중요하다.

예를 들면, 기계, 전기, 소화설비 분야의 샵드로잉을 BIM으로 대체하여 간섭 및 설계 조정작업을 예정 공사일보다 2~3개월 전에 BIM으로 검증하고 해당 부위에 대한 공사를 진행하도록 관리할 수 있을 것이다. 만약 BIM 기반 샵드로잉이 현실적으로 어렵다면 2D 샵드로잉을 바탕으로 BIM 검토를 수행하기 위한 여유시간을 더 확보하는 것이 필요할 것이다.

이 과정에서 본사 BIM팀이 현장에서 협력업체로부터 취합된 모델을 기반으로 통합 모델을 구축하는 것도 가능하겠지만, 사업 특성에 따라 시공사가 주관하여 통합 모델을 구축하고 CMr은 구축된 통합 모델을 검토하고 분석하는 것을 중심으로 서비스를 제공하는 전략이 더 효과적일 수도 있다. 이러한 역할 분담은 해당 사업에 대한 BIM 수행계획 수립 시 명확히 해야 서로 혼선을 피할 수 있다.

CMr은 설계단계에서와 마찬가지로 시공단계에서 파악된 각종 문제점과 이슈들을 지식데이터베이스화하는 것이 중요하다. 더 나아가 준공 BIM As-Built BIM을 통하여 유지관리단계에서 필요로 하는 각종 정보들이 BIM 데이터로 확보되었는지, 또는 실제 시공 상태와 준공 BIM의 정합성이 확보되었는지를 검증하여야 한다.

CHAPTER 08

BIM 도입 전략

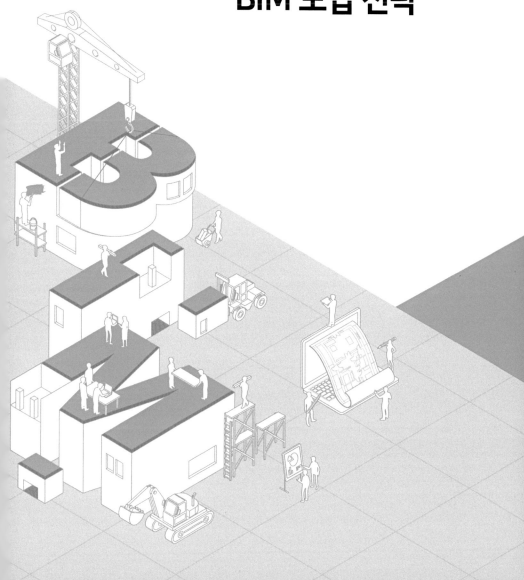

01

BIM 도입 장애 요인?

▌건설 분야 종사자의 BIM 인식

BIM이란 용어가 국내에 처음 소개된 지 꽤 오랜 시간이 지났음에도 불구하고 우리 건설산업에 BIM이 제대로 도입되지 못하고 있다. BIM 도입에 어떤 문제가 있는 것일까? 또 이를 해결할 수 있는 방안은 어떤 것이 있을지를 고민해보자.

우리 연구실은 2013년 9월부터 2개월간 발주자, 설계자(건축설계 종사자), 시공자, CM/감리자, 엔지니어(구조나 기계, 전기 등 엔지니어링 설계 종사자) 등 총 303명을 대상으로 BIM에 대한 인식과 사용의도를 조사한 바 있다(Kim et al., 2016). 이미 6년 반 이상이 지났지만 인식에 대한 실무자들의 반응을 살펴보면 BIM

도입 전략을 수립하는 데 도움이 될 것이라 생각된다.

이 조사에는 BIM에 대한 인식과 사용의도를 BIM 인식도라 정의하고 BIM을 도입하는 것이 기존 업무보다 더 좋다고 인지하는 정도(상대적 이점), BIM이 기존 업무나 조직의 필요에 부응하는 정도(적합성), BIM을 도입하는 데 기존 기술에 비해 상대적으로 이해 또는 사용하기 쉽다고 인지하는 정도(복잡성), BIM을 공식적으로 도입하기 전에 큰 부담 없이 사용자가 직접 시험적으로 경험할 수 있는 정도(시도 가능성), BIM 도입 결과가 정성적 또는 정량적으로 잘 관찰될 수 있는 가능성(관찰가능성), BIM이 자신의 업무 성과를 높여줄 수 있다고 믿는 정도(인지된 유용성), BIM 기술을 편리하게 사용할 수 있다고 믿는 정도(인지된 용이성), BIM 사용의도와 계획의 정도(사용의도) 등의 잠재변수를 기반으로 참여자별 인식도를 조사하였다.

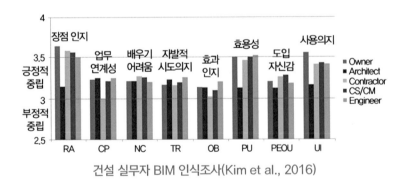

건설 실무자 BIM 인식조사(Kim et al., 2016)

기초설문조사를 통해 모든 참여주체들이 BIM에 대하여 높은 관심(4.36)과 BIM 도입의 필요성에 충분히 공감(4.28)하고 있음을 알 수 있었다. 하지만 응답자들은 BIM을 프로젝트에 적용해본 경험이 평균 1.2회 정도였으며, 해당 업무에 BIM 기반 프로세스도 거의 수립되지 않은 것(1.7)으로 나타났다.

보다 구체적인 인식도 조사에서는 상대적 이점(3.48), 적합성(3.19), 복잡성(3.23), 시도 가능성(3.21), 관찰 가능성(3.13), 인지된 유용성(3.43), 인지된 용이성(3.21), 사용의도(3.40) 등 3.13~3.48의 분포로 나타나, 앞서 기초설문에서 조사한 4점 이상대의 결과와는 뚜렷한 차이가 있는 것으로 드러났다.

▍BIM에 대한 기대는 높지만 도입의지는 낮아

5점 척도의 응답에서 이러한 응답은 긍정도 부정도 아닌 보통에 매우 가까운 값으로 매우 중립적인 위치에 있다는 것인데, 이는 건설참여자들이 BIM에 관심도 높고 도입 필요성에도 공감하지만, BIM을 직접적으로 사용해보고자 하는 의도보다는 아직도 관찰자적 관점에 머물러 있음을 나타내는 것으로 판단된다.

인식도 조사 결과를 좀 더 심층적으로 분석해보면 전반적으로 참여자들은 BIM 도입이 많은 이점을 가져다줄 수 있을 것이라고 기대하고 있다. 업무 성과를 높여주기 때문에 BIM을 사용해야겠다는 인식은 있지만, 현실적으로 BIM 도입 효과를 확신하기 어려우며, 기존 업무나 프로세스에 융화시키기 어렵고, 아직 편리하게 사용하기에는 제약 조건이 있다고 느끼는 것으로 나타났다.

또한 BIM을 공식적으로 도입하기 전에 BIM을 자발적으로 시범 수행하는 것에 부담을 느끼며, BIM이 배우기 어렵고 사용하기도 쉽지 않다고 인식하고 있는 것으로 드러났다.

BIM 도입 효과에 대해 쉽게 접할 수 없으며 명확히 알지 못하고, 이로 인해 주변에 추천하거나 사용을 적극 지지하기 어렵다는 인식이 지배적인 것으로 나타났다.

모든 참여자들이 BIM의 호환성을 이해하고 두 가지 이상의 BIM을 사용하는 것에 어려움을 느끼고 있음을 알 수 있었으며 이러한 응답은 설계자와 엔지니어에게 상대적으로 더 두드러지게 나타났다.

▎BIM에 부정적인 건축설계자

특히 건축설계자의 경우 다른 건설참여자들에 비해 더욱 중립적인 사용의도와 인식을 보이고 있었는데, 이는 상대적으로 BIM 인식에 대하여 부정적인 것으로 해석될 수 있다.

건축설계자들은 다른 참여자들에 비해 BIM 도입이 생산성 증대, 공기단축, 리스크관리, 원가관리 등에 효과적일 것이라는 기대가 적은 것으로 나타났으며, BIM을 통해 업무성과나 만족도가 높아질 것이라고 기대하는 것도 다른 참여자들에 비해 낮은 것으로 나타났다. 건축설계자들은 다른 참여자들에 비해 BIM에 대한 적극적 사용, 추진, 활용 의지적 측면에서도 다른 참여자들에 비해 오히려 낮게 나타났다.

시공자의 경우에는 BIM이 기존 건설사업 수행방식에 쉽게 융화되기 어렵고, BIM 도입을 위해서는 큰 변화가 필요하다고 생각하고 있었지만, 실무담당자들이 쉽게 수용할 수 있다는 것에 매우 중립적인 것으로 나타났다.

현 시점에서 BIM의 적용이 점진적으로 확대되고 있는 것은 사실이다. 턴키, 기술제안 등 여러 대형 공공공사를 중심으로 시공단계까지 적용되고 있으며 민간 부분에서의 BIM 적용 사례도 점차적으로 늘어나고 있는 추세이다. 해외에서도 대형 프로젝트를 중심으로 BIM이 활발히 적용되고 있기 때문에 BIM 업무수행 능력 확보는 건설산업의 경쟁력 제고라는 측면에서 매우 중요한 전략이다.

▌실무자 BIM 인식조사의 시사점

이러한 관점에서 이 연구 결과는 우리 건설산업의 BIM 기반 경쟁력 향상을 위해 몇 가지 중요한 시사점과 추진 방향을 제시하고 있다.

설계단계 중심이 되는 설계자의 BIM 활용의지와 시공단계 중심이 되는 시공자 관점에서 BIM에 대한 수용의지가 다른 참여자들에 비해 더 낮다는 것은 BIM의 적용이 실제 업무프로세스에 융화되지 못하고 피상적으로만 적용될 수 있다는 것을 의미한다.

특히 건축설계자의 경우 BIM에 대한 인식이 참여자들 중 가장 낮은 것으로 나타났는데, 이것은 BIM이 우리 산업에 적용된 지 상당한 시간이 지났음에도 여전히 대부분의 BIM 업무가 기존 업무와 병행해서 진행되는, 즉 설계자는 기존 방식으로 설계하고 별도의 BIM 서비스 제공자를 통해 BIM 업무가 수행되는 방식이 주를 이루는 것과 매우 밀접한 관계가 있다고 판단된다.

건축설계자들은 건축 프로젝트에서 가장 먼저 사용해야 할 사용자임에도 불구하고 이들의 사용의지 미흡으로 건축 프로세스의 변화를 이끌어내지 못하고 있는 것이다. BIM은 도구가 아닌 프로세스라는 점에서 봤을 때 가장 중요한 첫 단추가 꿰매어지지 못하고 있는 것이다.

▍BIM에 대한 부정적 인식의 원인

그렇다면 설계자들의 의지가 낮은 이유는 무엇일까? 설계자들의 BIM에 대한 낮은 인지는 여러 가지 관점에서 그 이유를 들 수 있을 것이다.

첫째, BIM 프로세스와 그 효과에 대하여 명확히 인지하지 못하고 있어 모두 주춤하고 있는 것이다. 또한 불경기로 인하여 BIM에 대한 투자가 쉽지 않고, 중소기업의 경우 BIM에 투자하여 교육시키면 이직해버리는 경우가 많아 BIM이 소위 설계의 대세가 되기 전까지는 관망하겠다는 생각들이 있다.

둘째, 제도적으로 BIM 중심의 성과물에 대한 인정이 수반되지 못하는 것이다. BIM 기반 프로세스로 바뀌게 되면 그 성과물의 형태도 그에 맞추어 바뀌어야 하는데, 승인권자는 기존 제도와 규정에 집착한 나머지 결국 이중 업무로 수행해야 되는 어려움이 있어 제도가 바뀌지 않으면 나도 안 바꾸겠다는 생각들이 있다.

셋째, 설계자뿐만 아니라 엔지니어들에서도 더욱 두드러지게 나타났는데, BIM에 대한 학습과 사용에 대한 용이성이다. BIM을 도입하려면 기존 업무 외에 새로운 도구를 배우고 라이브러리나 템플레이트 등 기본 인프라를 구축하고 BIM 기반 협업 프로세스에 익숙해져야 하는데, 이것들이 BIM 수용에 대한 부담으로 작용하는 것이다. 또한 BIM을 사용하면 모든 것이 쉽게 풀릴 것이라는 기대와는 달리 바로 현업에 쉽게 적용할 단계까지 숙련도나 노하우를 쌓는 데 시간이 걸리는 것도 부담으로 존재한다.

넷째, 설계 수주에서 BIM 능력이 필수사항이 아니다. 설계 경쟁은 설계에 대한 아이디어 경쟁이기 때문에 BIM의 역할이 미비한 것이 사실이다.

사실 설계 초기에는 BIM이 아닌 SketchUp이나 Rhino 등 3차원 디지털 도구만으로도 가능하기 때문에 BIM이 절대적인 도구가 아니다. 현 시점에서 BIM은 설계안이 선정된 이후 기본설계, 중간 설계, 실시설계 과정에서 오히려 더 필요로 하는 도구인 것이 사실 이다. 건축설계사무소 입장에서 설계수주에서 영업력과 설계 아 이디어가 중요한 것이지, BIM은 표현 도구의 하나로 반드시 필요 한 것은 아니라는 생각을 가지고 있는 것이다.

물론 초기 설계단계에서도 공간 프로그래밍이나 에너지 분석, 동선 분석 등 여러 가지 목적으로 BIM을 활용할 수 있는 부분이 있음에도 불구하고 많은 건축사가 설계 경쟁에 BIM을 도입하는 것은 아직 BIM에 익숙하지 않은 설계사무소에 공정하지 못하다 고 생각하고 있다.

BIM 프로세스의 1차적 사용자인 설계자들의 적극적인 사용의 지와 실천 없이는 건설산업에 제대로 된 BIM 기반 프로세스 구축 은 기대하기 힘들다. 제도나 발주지침을 통해 공공사업에서 BIM 사용을 적극 추진하고 있기 때문에 점진적으로 인식이 개선되고 있지만, 설계자들의 실질적인 실천 없이는 이중적인 BIM 수행만 되풀이될 것이며 이로 인해 기대효과 또한 반감될 것이다.

▌설계 BIM 장애 요인

설계단계에서 생성된 BIM 정보가 시공단계 또는 그 이후 단계로 원활하게 전달될 수 있다면 BIM은 최적화된 설계안 개발뿐만 아니라 각종 시공 리스크에 선제적 대응을 가능하게 하고 효과적인 유지관리를 통해 프로젝트의 생애주기 가치를 극대화하는 데 크게 기여할 수 있다.

특히 실시설계단계는 프로젝트의 계획단계에서부터 결정된 사항들을 실제 시공이 가능하도록 구체적인 정보를 확보하고 이를 토대로 도면화하고 문서화하는 단계로, BIM을 이용한 정보관리 및 도면화는 설계뿐만 아니라 시공 및 유지관리단계에 미치는 영향이 크다. 하지만 실제 건설 프로젝트에서 실시설계 BIM을 시공단계에서 활용하는 수준은 어떠할까?

그 현황을 알기 위해 국내의 BIM 적용 건설 프로젝트 사례를 바탕으로 주요 공사 분야별 시공단계에서 요구하는 실시설계 BIM 수준과 실제로 납품되는 실시설계 BIM 수준 그리고 실시설계 BIM이 시공 BIM으로 활용되는 수준을 분석한 바 있다(진상윤·김이제, 2019).

그 결과 건축, 구조, 기계, 전기, 소화설비 등 각 분야에서 요구되는 시공 BIM 수준에 비해 실제 납품되는 설계 BIM 수준이 낮았으며, 특히 기계, 전기, 소화 설비 분야에 납품되는 BIM 수준이 현저히 낮은 것으로 나타났다.

이렇게 실시설계 BIM이 시공 BIM으로 제대로 활용되지 못하는 문제점을 실무적 관점에서 분석해보면 크게 프로세스적 요인, 기존 BIM 지침 및 가이드에 의한 요인, 참여자에 의한 요인 등으로 분류할 수 있는데, 그 구체적인 내용은 다음과 같다.

▮ 프로세스적 장애 요인

- 잦은 설계 변경으로 인한 부정확한 실시설계 BIM 데이터 구축 그리고 실시설계 100% 승인도면과 부정합성이 시공단계에서 BIM 활용을 저해시키는 가장 큰 요인이다.
- 특히 공종 간의 간섭 및 시공성에 대한 실질적인 검토는 전문 건설업체가 참여하는 시공단계에서나 가능하기 때문에, 설계단계에 작성된 BIM 데이터의 변경과 설계 변경이 다량 발생하는데, 그에 대응할 수 있는 BIM 수행체계가 미흡하다.
- 현재 BIM 적용 프로젝트의 표준 발주 프로세스가 부재하여 발주자로부터의 BIM 관리가 제대로 이루어지지 않고 있으며, 시공성을 고려한 BIM 기반의 설계 검토가 제한적으로 수행되고 있다.

기존 지침 및 가이드에 의한 장애 요인

- 국내의 BIM 관련 지침 및 가이드에는 표준 발주 프로세스뿐만 아니라 프로세스 단계별 발주자, 설계사, 시공사 등 주요 참여자들의 BIM 프로젝트 수행에서의 역할과 책임범위가 구체적으로 제시되어 있지 않다.
- 최저가 입찰 형태의 발주방식과 BIM 업무 수행 용역비에 대한 기준이 명확하게 확립되지 않아 BIM 용역 업무 수행에 제한이 있다.
- 또한 BIM 데이터 작성 기준 및 활용 가이드가 실무적인 관점에서 부족하여 실시설계 BIM 데이터가 시공단계에 효율적으로 활용되지 못하고 있다.

참여자에 의한 장애 요인

- 발주자, 설계사, 시공사 등 BIM 프로젝트의 주요 참여자들이 BIM에 대한 이해와 수행능력이 부족하다.
- BIM 전문 용역업체에 의존하는 정도가 높아 BIM 데이터의 전문성과 실질적인 활용 수준이 떨어진다.
- 기존 2D 기반의 도면 납품 방식을 고수하는 인허가권자 그리고 발주처의 인식으로, BIM으로 전달될 수 있는 정보조차도 2D CAD로 표현해야 하기 때문에 2D CAD 재작업 프로세스가

수반된다.

실무자의 두려움과 거부감이 외주 중심의 BIM으로 유도한다.

이상에서와 같이 발주자는 BIM에 대하여 상대적으로 높은 사용의지가 있는 반면 실무자의 두려움과 거부감 그리고 BIM 수행에서 장애 요인들로 인하여 외주 중심의 BIM으로 나타나고 있다. BIM 수행에 대한 리스크를 외주업체에게 다 떠넘기고 실무자들은 기존 방식에 의존하며 방관자적 관점에 있는 것이다.

더 나아가 건축 프로젝트가 진행될수록 각 분야별 전문가에 의해 BIM 데이터가 구축되어야 하지만 현실은 꼭 그렇지 않다. 건축을 전공하지 않은 자들이 단순 BIM 교육을 받고 모델러로 투입되는 경우도 있는 것이다.

이런 경우는 주로 BIM 전환설계에서 BIM 서비스 전문업체에 용역을 줄 때 발생한다. 이들은 물론 자신들이 설계도를 만들 수 있는 능력이 없고, 주어진 도면을 가지고 모델링을 하는 것만 배웠기 때문에 모델링하는 과정에서 발생하는 이슈조차도 파악하기 어렵고, 또 시간에 쫓기다 보니 완성도가 떨어진 BIM 모델을 구축하게 되는 경우가 종종 있다.

이렇게 만들어진 BIM 모델이 성과물로 제출되고 검증과정이 거의 없이 실시설계단계의 최종 성과물로 인정된다. 그 이후 BIM 모델은 시공단계로 넘어가게 되고 시공자들은 불평한다. 하나도 써 먹을 수 없는 BIM 모델을 주었다고…

▍외주 중심 BIM에서 실무자 중심 BIM으로 발전해야 한다

외부 용역 중심의 BIM 프로세스는 기존 방식에서 만들어진 설계안을 가지고 BIM을 별도로 구축하는 이원화된 프로세스로 진행된다. 이러다 보니 BIM에 대한 외주 용역비가 별도로 필요하여 BIM 예산이 투입되어야 한다.

그에 비해 설계도서와 BIM의 정합성은 확보하기 어려워 투자대비회수효과ROI, Return on Investment도 낮을 수밖에 없다.

용역사는 설계사 대신 BIM 모델 구축을 포함하여 모든 역할을 맡아야 하기 때문에 많은 인력 투입이 요구되어 수익구조 또한 낮을 수밖에 없다. BIM 데이터 구축에서도 후속과정에서 필요한 정보가 제대로 확보되지 않아 프로세스상 낭비가 발생하고 또 BIM 수행과정에서 발견된 각종 이슈들을 지식 기반화할 수도 없다.

용역 중심의 BIM에서는
- 이원화된 프로세스
- 별도의 높은 BIM 비용 투입
- 낮은 ROI 실현
- 용역사의 역할은 컨설턴트+인력 공급
- 규모에 비례하여 많은 인원 투입
- 낮은 부가가치(낮은 수익 구조)
- BIM 프로세스 낭비 발생
- BIM 지식화 부재

실무자 중심의 BIM에서는
- 실무자에 의한 BIM 구축
- 상대적으로 낮은 BIM 비용 투입
- 높은 ROI 실현
- 용역사의 역할은 컨설턴트/Coordination
- 용역사의 높은 부가가치(낮은 총액, 높은 단가)
- BIM 프로세스 선진화
- BIM 지식화 가능

실무자 비중

용역사 비중

용역 중심과 실무자 중심의 BIM 차이

이러한 악순환의 고리를 끊기 위해서는 기본적으로 건설산업 각 분야의 실무자들이 자신들이 맡은 부분에 대한 BIM을 직접 구축하고 관리해야 한다.

미국이나 유럽의 경우 나이가 60세 정도 된 오랜 경험을 가진 건축사는 물론 심지어 샵드로잉 기술자들까지 2D CAD에서 과감히 BIM으로 전환하여 BIM으로 디테일과 샵드로잉까지 만드는 사례들을 볼 수 있다.

이런 BIM을 기반으로 정확한 부재 생산이 가능해지기 때문에 현장에서 피팅이 필요 없고 프리패브화를 통해 조립 중심으로 시공할 수 있어서 정밀시공과 고품질의 시공 결과로 나타나는 것이다.

우리도 이제 실무자 중심의 BIM으로 가야 한다. 건축사를 비롯한 각 분야의 설계자들이 자신들이 맡은 분야에 대한 BIM 데이터를 직접 구축해야 한다. 이러한 환경에서는 상대적으로 낮은 BIM 비용투입으로 제대로 된 효과를 볼 수 있고 높은 ROI도 실현할 수 있다.

용역사의 역할은 인력 공급이 아닌 전문 컨설턴트로서 실무자의 BIM 수행을 지원하는 역할을 수행할 것이다. 이로 인해 기존 BSP 또한 훨씬 높은 부가가치를 가질 수 있다. BIM 프로세스도 IPD나 ECI 등 선진화된 프로세스 도입이 가능해서 더욱 효율화되고 선진화될 것이며 이 과정에서 수집된 각종 이슈들을 지식화하고 재활용이 가능해질 것이다.

02

BIM 도입 성공 요인 세 가지

▌BIM을 기술로만 보면 안 된다

BIM을 이야기할 때 BIM 기술이라는 표현을 많이 본다. 하지만 이는 옳지 않다. BIM 도입은 기술 도입이 아니라 프로세스의 변화와 실무자의 인식변화 그리고 그들의 참여를 이끌 수 있는 건설산업의 진화라는 관점에서 봐야 한다.

IT 분야에서도 조직에 IT를 성공적으로 도입하기 위해서는 사람People, 프로세스Process, 기술Technology의 PPT 프레임워크Framework 관점에서 접근해야 하는 것을 기본으로 삼고 있다. 기술만 도입한다고 되는 것이 아니라 기술이 프로세스에 스며들어가고 그 프로세스상에 있는 사람들이 그것을 받아들여야 한다는 것이다.

이 PPT 프레임워크는 Harold Leavitt(1964)의 조직의 변화를 창조하기 위한 Diamond 모델이 기원인데 이 모델은 기업이 변화에 성공적으로 대응하기 위해서는 조직 구성Structure, 업무분장Task, 사람People, 그리고 기술Technology 4가지 요소를 종합적으로 고려해야 한다고 제안하고 있다. 이후 이 모델의 Structure와 Task가 Process로 통합되면서 PPT 프레임워크란 개념으로 자리 잡았다.

- 최고경영자의 리더십
- 동기부여를 통한 인식 개선
- 조직 개편
- BIM 역량 정의
- 교육 및 지원

People

Innovate   Scale
WIN
Technology   Process
Automate

- 특정 기술에
  종속되지 않는 환경
- BIM 데이터 센터

- 실무자 중심의 BIM 전략 및 로드맵
- BIM 프로세스 개선
- BIM 이슈 관리 및 축적 기반 구축
- 인허가 및 성과물 납품 기준 개선
- 건축산업 생태계 변화 선도
- 국가 차원의 제도 및 정책 개발

PPT 관점에서 본 BIM 도입 전략

그렇다면 BIM 도입 성공을 위해 이 세 가지 요인별로 고려해야 할 사항을 살펴보자.

▎ BIM 도입 성공 요인 – 기술

먼저 쉬운 것부터 살펴보면 기술Technology이다. 앞에서 언급했듯이 BIM 활용 분야와 소프트웨어는 매우 다양하다. 한 가지 BIM 도구로 각 단계별·공종별로 수행되는 여러 가지 업무를 수행할 수 없기 때문이다. 따라서 특정 기술에 종속되지 않는 환경 구축이 필요하다.

특히 특정 소프트웨어 중심으로 BIM 시장이 편성된다면 우리나라와 산업에 제공하는 가격이 비싸지고 고객에 대한 서비스 향상도 없이 여러 가지 불리한 방향으로 갈 것이다. 비싼 BIM 도입 비용을 지불하는데도 불구하고 이들은 저작권과 불법복제 방지에만 관심이 있지, 우리나라 건설산업에서 BIM을 도입하기 위해 무엇을 더 개발해야 할지에 대한 고민과 노력이 부족한 형태로 나타날 수 있는 것이다. 국가 정책적인 측면이나 우리 건설산업 측면에서 좀 더 현명하고 현실적인 전략이 필요한 부분이기도 하다. 시장 점유율과 소프트웨어의 효용성이 반드시 비례하는 것은 아니다. 각 분야별로 최상의 제품은 다양하다는 것을 이해하고 공정하게 경쟁할 수 있는 BIM 시장 구축을 유도해야 우리 산업이나 국가에도 도움이 되는 것이다.

언제든지 해당 분야의 베스트 소프트웨어는 언제든지 바뀔 수 있다. 기업 차원에서는 특정 소프트웨어 중심으로 BIM 프로세스가 구축될 수 있다. 하지만 건설프로젝트의 특성상 여러 분야의 기업들이 공동으로 수행하는 만큼 특정 소프트웨어에 종속되지 않고 다양한 BIM 데이터를 통합하고 관리할 수 있는 환경을 구축하는 것이 중요하다.

또한 기업 차원에서 BIM 데이터 센터를 구축해야 한다. BIM 데이터 센터를 통해 BIM 발주지침, 수행 가이드, 수행계획서 등에 대한 표준을 만들고 각종 라이브러리와 템플레이트 데이터베이스를 구축한다. 또한 이 데이터센터는 각 프로젝트를 통해 수집된 각종 BIM 이슈들을 지식 기반화Knowledgebase하는 역할도 담당한다.

▌BIM 도입 성공 요인 – 프로세스

두 번째로 프로세스 관점에서 BIM 도입 성공 요인을 살펴보자. 먼저 외주 중심의 BIM 프로세스에서 실무자 중심의 BIM 프로세스로 전환하기 위한 전략 수립과 로드맵 구축이 필요하다.

이를 위해서는 점진적이지만 과감한 BIM 프로세스 개선도 병행되어야 한다. BPR Business Process Reengineering을 통해 기존 프로세스를 개선할 수 있는 BIM 프로세스를 구축해야 한다.

BIM 프로세스를 통해 수집된 각종 BIM 이슈는 매우 중요한 지식자산이기 때문에 이를 수집, 관리, 재활용할 수 있는 체계와 프로세스를 구축하는 것 또한 중요하다. 결국 기업 차원에서도 전반적인 프로세스 개선이 이루어져야 하고 이는 기업의 조직 개편, 실무자의 인식 개선 및 참여 그리고 교육 등과 연계될 때 비로소 완성될 수 있는 부분이기도 하다.

제도권이나 발주자 측에서도 기존 방식에 집착하지 말고 새로운 방법과 프로세스를 이해하고 이에 기반한 인허가 과정과 성과물 납품 기준으로 개선하는 것이 필요하다. 기존 도면 형식에 얽매이지 말고 BIM을 이해하고 이를 기반으로 제도나 기준을 개선해야 하는 것이다. 제도나 기준이 개선되지 않는다면 결국 이에 부합하기 위하여 별도의 작업을 필요로 하게 되고 이중 작업으로 인하여 BIM 도입으로 인한 효과를 볼 수 없다.

더 나아가 산업 차원에서의 프로세스 변화에 대한 고민도 필요한 시기이다. 우리 건설산업에서 표현과 의사소통 방식이 2D 도면 중심에서 BIM으로 바뀌고 있다. 이것은 1980년대 손으로 도면 그리던 시대에서 2D CAD로 가던 것과는 매우 다르다. 산업 전반에 걸쳐 BIM으로 대체되거나 더 이상 필요하지 않은 또는 통합되어야 할 프로세스가 있다. 이는 산업에 참여하는 모든 이해당사자들의 합의 또한 필요한 부분이기 때문에 장기적 관점에서 추진해야 할 사항이라 생각된다. 이에 대한 논의는 다음 절에서 하도록 하겠다.

▌가장 중요한 BIM 도입 성공 요인 – 사람

세 번째로 BIM 도입 성공을 위해 가장 중요한 요인인 사람이다. 기업 차원에서는 최고 경영자의 BIM 도입에 대한 확신이 우선되어야 한다. 최고 경영자가 BIM 도입에 대한 비전과 미션을 제시하고 현재 구성원들의 BIM에 대한 인식조사를 통해 현시점에서의 구성원들의 수준 또한 분석할 필요가 있다. 이런 분석 결과를 바탕으로 어느 부분부터 점진적으로 BIM을 적용할 것인지 단계별 도입 전략을 수립할 수 있기 때문이다.

또한 BIM 프로세스 구축과 더불어 기업 조직 구성의 변화가 필요할 것이다. 예를 들면, 설계부서와 견적부서가 통합되어야 할 필요도 있을 것이다. 협업 프로세스를 활성화시킬 수 있는 프로세스와 이에 맞는 조직구성이 필요하기 때문이다.

본사 차원에서 또는 각 현장 단위별로 각 부서 또는 팀별로 구성원들이 갖추어야 할 BIM 역량을 정의하고 그 역량을 정량적으로 또는 정성적으로 평가할 수 있는 수준도 정의할 필요가 있다. 도입 초기에는 BIM 역량 또한 낮은 수준에서 시작하겠지만 점진적으로 요구 역량 수준을 올릴 필요도 있을 것이다.

무조건 BIM 역량을 갖출 것을 요구할 수는 없다. 물론 실제 BIM 기반 프로젝트 수행을 통해 BIM 역량이 강화되겠지만, 기본적인 BIM 역량을 갖추기 위한 교육과 지원 시스템 또한 갖추어야 한다. 본사의 BIM 지원팀을 통해 좋은 BIM 사례를 소개하고 직원들에 대한 교육과 BIM 수행 지원이 원활히 이루어질 수 있도록 하는 것도 중요하다.

▌"구슬이 서 말이라도 꿰어야 보배다"

"구슬이 서 말이라도 꿰어야 보배다."라는 속담처럼 앞에서 언급한 세 가지 요인이 서로 상호작용해야 BIM 도입을 성공적으로 이룰 수 있다. Christopher S Penn(2018)은 People과 Process의 연계를 통해 프로세스를 개선하고 생산성을 향상시키고Scale, People과 Technology를 연계하여 혁신적인 방법을 이끌어내며Innovate, Process 와 Technology를 연계하여 자동화Automate하는 이 세 가지 상호작용 전략이 중요하다고 강조하고 있다.

BIM 관점에서 본다면 Technology를 통한 Process 자동화는 법규 검토 자동화, 물량 산출 자동화, 도면 생성 자동화, 간섭 체크 자동화, BIM 기반 견적, BIM 기반 에너지 분석 등을 예로 들 수 있는데, 이와 관련된 연구와 개발은 지금 현재도 활발히 지속되고 있다.

People과 Technology의 연계를 통한 혁신적인 방법의 도출은 BIM Room을 설치하고 협업할 수 있는 환경을 구축하는 것, 클라우드 컴퓨팅 기반의 BIM 협업 환경을 구축하는 것, VR(가상현실) 기술을 이용한 설계방법 개발, AR(증강)현실을 이용한 시공관리 방법 개발 등을 예로 들 수 있다.

BIM Room 협업은 LH 진주 신사옥처럼 이미 국내 몇몇 프로젝트에서도 효과적으로 적용된 사례가 있다. 클라우드 기반 BIM 협업은 기술적으로는 가능하지만 그런 협업 프로세스가 실무자들에게는 익숙하지 않은 부분들이 있고, AR이나 VR 기반 설계 및 시공관리 부분은 아직 기술이 성숙화되지 못하여 시범운영단계인 수준이다.

People과 Process의 연계가 가장 중요하고 달성하기 어려운 부분이다. 왜냐하면 실무자들의 프로세스가 바뀌고 그들이 그 변화를 받아들이고 이를 위한 교육과 투자 등이 연계되어야 하기 때문이다.

앞에서 언급한 자동화나 혁신기술도 실무자들이 받아들이지 않으면 아무런 소용이 없기 때문이다. 린건설 개념을 기반으로 IPD 계약방식 도입을 통해 설계 초기단계부터 전문건설사까지 참여시키고 목표금액에 기반한 BIM 설계 협업과정을 통해 최적화된 설계안을 도출하는 것이 가장 좋은 예이다. 건축사들이 BIM 기반 설계를 통해 설계도서를 생성하고 이렇게 생성된 설계도서와 BIM 데이터만으로 인허가를 받을 수 있는 프로세스 개선 또한 좋은 예라 생각한다.

지금까지 국내에 적용된 BIM 사례를 보면 Technology를 중심으로 Process를 자동화하거나 People과 연계를 통한 혁신적인 방법이 일부 적용된 바는 있지만 People과 Process 연계는 실무자들의 참여가 저조하여 외주 업체가 실무와 병행한 이중 프로세스로 진행되고 있기 때문에 이 부분이 우리가 기업 차원 또는 산업 차원에서 제도와 정책을 통해서 해결해야 할 사항이라 판단된다.

IBM(2008)이 2008년에 실무자 1,500명을 대상으로 실시한 설문 및 면대면 인터뷰를 통해서도 여러 가지 변화 요인에 대응하여 프로젝트를 성공적으로 이끈 사례를 조사한 결과, 프로젝트의 성공이 기술Technology에 달려 있었던 것이 아니라 오히려 사람People에게 달려 있었다는 것을 알 수 있었다. 앞서 BIM 도입의 장애 요인에서도 언급했듯이 실무자들이 BIM을 자신의 업무 프로세스에 받아들이지 않는다면 BIM 도입이 성공할 수 없다는 것을 의미하는 것이다.

따라서 BIM 도입이 실질적으로 성공하기 위해서는 기술, 프로세스 그리고 사람이 융화된 체계를 구축하는 것에 초점을 두어야 한다. BIM 기술 도입이 아니라 BIM 문화 또는 사회를 구축하는 것이다.

03

BIM은 건설산업 생태계의 진화

▌BIM 도입은 CAD 도입 때와 근본적으로 다르다

1980년대 중반부터 도입된 CAD와 지금 진행되고 있는 BIM 도입은 그 근본 자체가 다르다. CAD의 도입으로 도면 작성 자체에 대한 생산성은 매우 향상되었지만, 수작업으로 그리던 도면을 컴퓨터를 이용하여 그리는 것으로 도구가 바뀌는 현상이었다.

2D 도면 중심의 설계 표현 방식은 건축사를 포함하여 각 분야별 설계자에게 최적화된 방법이다. 모든 것을 표현하지 않아도 되고 그 도면을 받아보는 자가 해석하고 더 필요한 정보가 있거나 문제점이 있다고 판단되면 다시 되묻는 방식이다. 나쁘게 말하면 시간에 쫓기거나 좀 복잡해도 일단 2D 도면으로 내고 나서 나중에

문제해결을 할 수 있는 여지가 있는 것이다.

▌ Push에서 Pull 프로세스로 진화

이런 개념을 프로세스 관점에서 보면 Push 기반 프로세스라고 한다. 이 개념은 자기중심적으로 후속단계에서 무엇을 필요로 하는지 고려하지 않고 일단 만들고 후속단계를 진행하다가 문제나 질의사항이 발생하면 피드백을 통해 다시 해결한다는 방식이다. 그러다 보니 후속단계로 넘겼다고 해서 그 일이 끝나는 것이 아니라 문제 보완을 위해 재작업 또는 추가 작업이 발생한다는 단점 또한 있다.

2D CAD 기반 설계 프로세스의 가장 큰 문제점은 설계도서 오류이다. 이런 도서 오류는 설계도면 간 상이, 누락, 미흡 등으로 분류될 수 있으며, 이러한 문제점이 설계단계가 아니라 시공단계에서 파악될 경우 재설계는 물론 재시공, 공기지연 등 큰 리스크를 야기할 수 있다.

이에 반해 BIM 도입은 건설산업에서 2D 중심으로 표현되던 언어를 3D 중심으로 바꾸고 이를 기반으로 협업 프로세스가 강화되는 등 의사소통과 일하는 방식을 바꾼다는 점에서 매우 혁신적이다. 더 나아가 새로운 건설산업의 형태로 진화하는 것이다. 이러한 이유에서 실무자들이 BIM이라는 개념에 더욱 익숙해지고 일하는 방식을 혁신적으로 바꾸어야 하기 때문에, 또 제도적으로 가능해져야 하기 때문에 더 어렵고 시간이 오래 걸리는 것이라 생각된다.

2D에 비해 3D는 일단 설계자 관점에서는 더 큰 부담이다. 앞뒤 / 좌우 / 위아래로 다 맞아떨어지는 설계안을 만들어내야 하기 때문이다. BIM에서는 3차원 부재 형태만 있다고 다가 아니다. 3차원 모델의 작성 방법, 상세 수준이 합리적으로 계획되고 해당 부재에 대한 부재 코드, 재료, 성능 등 다양한 정보가 단계별로 추가되는 것은 기본이다. 이렇게 구축된 BIM이 어떻게 활용되는지를 고려하여 만들어져야 하는 것이다.

예를 들면, 4D BIM을 구축하는 데 활용되기 위해서는 부재종류, 층, 구역 그리고 시공성이 고려된 모델 작성이 필수적이다. 또 견적에 활용되기 위해서는 구체적인 내역정보가 연계되어 있어야 해당되는 재료비, 노무비 단가와 연계하여 공사비를 추출할 수 있다. BIM 기반 에너지 분석을 위해서는 열관류율, 재료 등 에너지 분석에 필요한 정보가 BIM 데이터로 포함되어 있어야 하는 것이다.

그래서 BIM은 앞서 2D CAD가 Push 기반 프로세스라고 말한 것과는 반대로 Pull 기반 프로세스에 기반하고 있다. 즉, 내가 만든 BIM 데이터가 후속단계에서 어떻게 사용될 것인지를 고려하고 거기서 요구하는 정보가 담겨 있어야 하기 때문이다. 그렇기 때문에 BIM 수행계획서 작성 때 언급한 바와 같이 BIM 프로세스에서는 'Begin with the end in mind', 즉 끝을 염두에 두고 시작하라는 철학을 기본으로 삼아야 하는 것이다.

❙ BIM, 설계비, 설계 기간

이러한 이유 때문에 어떤 건축사 또는 여러 공종 분야의 설계자들은 BIM 도입과 더불어 현실적인 설계비와 설계 기간이 확보되어야 한다고 강조한다. 아직 내가 아는 객관적인 통계치는 없지만 외국 사례들을 보면 국내 건축사업의 설계 기간이 충분히 확보되지 못했다고 생각한다.

BIM과 설계비의 연관성을 두고 보면 설계비를 더 줘야 한다는 의견과 그럴 필요가 없다는 두 가지 의견이 존재한다. 건축사사무소 입장에서는 BIM을 위한 하드웨어 및 소프트웨어, 교육 그리고 BIM 프로세스 구축을 위한 학습 및 시행착오 등의 부담이 발생한다. 중소기업의 경우 BIM 교육을 시키면 더 큰 회사에 인력을 뺏기는 현상도 발생한다. 이런 비용부담과 리스크를 설계비에 반영해야 한다는 것이다.

나는 개인적으로 더 줘야 할 이유와 그럴 필요가 없는 두 가지 이유가 모두 존재한다고 생각한다.

만약 건축사사무소가 BIM 설계를 수행하지 않고 BIM 외주 때문에 비용을 더 요구한다면 그것은 프로젝트 전체 차원에서 낭비에 해당된다. 기존 2D 설계 프로세스에 기반한 BIM 외주 작업의 결과는 모델이나 정보 차원에서 보더라도 그 가치를 제대로 확보하기 어렵다.

반면 건축사사무소가 BIM 설계 프로세스를 구축하여 자신들이 직접 수행한다면 보다 많은 설계정보를 준비하고 제공해야 하기 때문에 기존에 비해 더 많은 설계비를 요구할 타당성이 충분히 있다.

▍ BIM은 설계도서 간소화가 아니라 설계정보 충실화이다

BIM 설계 프로세스에서는 건축사나 설계자들이 자신들에게는 간소화되고 효율적이었던 2D 중심 표현방식에서 탈피하여 이제는 후속 과정을 고려하여 보다 완벽하고 더 많은 정보를 확보해야 한다.

물론 BIM으로부터 설계도면을 작성하는 과정은 자동 추출 기능 덕분에 매우 간소화될 수 있다. 하지만 BIM에서 도면이 추출된다고 설계자의 부담이 줄어드는 것은 아니다. 건축사나 설계자들은 이제 더 완벽하고 많은 정보를 확보하여 BIM이라는 형태로 전달해야 하는 것이다. BIM이 정착된 시대에서는 2D 도면은 설계안을 이해하기 위한 하나의 뷰View에 지나지 않는다. BIM에서는 무한대의 뷰가 생성되기 때문에 2D 도면에서 비해 설계자가 훨씬 더 고품질의 설계를 많은 정보와 더불어 제공하게 되는 것이다.

▌ 싫어도 할 수밖에 없는 BIM

설계자들은 BIM 설계 프로세스를 구축해야 하고 또 설계 초기 단계에 더 많은 노력을 기울여야 하기 때문에 부담스러워하고 있다. 반면 시공사들은 BIM을 통해 리스크를 파악하고 공사비 절감 방안을 찾는 것이 자신들의 이익에 바로 반영되기 때문에 BIM 도입에 더욱 적극적이다.

건설산업의 지배력이 자금력이 큰 시공사에 있는 것은 피할 수 없다. 앞으로는 발주자뿐만 아니라 시공사들도 건축사와 각 공종별 설계자들에게 BIM 설계를 요구할 것이다. 시공단계에서 건식공사가 증가하고 설치 위주로 변해가면서 자재공급업체에서도 정확한 설계안을 요구하게 될 것이다. 건설산업의 가치사슬에 있는 모든 고객이 BIM을 요구하는 시대로 가고 있는 것이다. 요즘 OSC Off-Site Construction나 모듈러 건축이 관심을 끌고 있는데, 이 분야에서 BIM 도입이 필수적인 이유기도 하다.

이뿐만 아니라 건축사나 설계자들 또한 사회적인 리스크가 증가하고 있다. 즉, 설계한 건축물에 하자 또는 문제가 발생할 경우 시공사나 건축주가 손해배상책임을 부가할 수 있는 경우가 늘어나고 있는 것이다.

법무법인 화인이 2019년 11월에 개최한 '공동주택 하자분쟁 해결방안 세미나'에서는 설계도면 불일치 등 도면 오류, 도면과 시공의 불일치 등의 문제점들이 하자에 대한 책임과 손해배상청구 대상이 될 수 있음을 강조한 바 있다. 이러한 관점에서도 건축사 및 설계자들이 가질 수 있는 리스크를 사전에 대응하기 위한 관점에서도 BIM 도입이 필요한 시기이다.

▌BIM 도면화에 대한 제도적 관점의 변화도 필요하다

제도적으로도 기존 2D 도면 중심의 성과물 관점에서 BIM 중심으로 개선되어야 한다. 장기적으로는 BIM 데이터만으로도 충분히 인허가, 착공도서, 준공도서 등 성과물 제출이 가능하도록 제도개선도 병행되어야 한다. 사실 지금 현재의 BIM 도면화 과정에서 발생하는 어려운 점들도 결국 기존 도면 성과물과 동일한 도면형태로 추출하려다 보니 생기는 문제이다.

현재 조달청이나 국토부 등의 지침들은 BIM에서 작성되어야 하는 부재들에 대한 리스트만 있지 어떤 부재들이 어떻게 표현되고 어떤 정보가 포함되어야 하는지에 대한 가이드가 아직도 부족하다. 이러한 상황이 BIM 데이터 구축을 3차원 모델 구축 수준으로 유도하게 되고 또 도면화 과정에서 상당한 추가작업이 CAD를 통해 이루어지게끔 하는 악순환을 야기하고 있는 것이다.

따라서 제도적으로 요구하는 도면에서 필요로 하는 표현요소와 정보요소가 무엇인지를 파악하고 이러한 요소들을 BIM 데이터에 반영되도록 지침을 만드는 것이 필요하다.

예를 들면, 실시설계 성과물에서 요구하는 상세도들이 실시설계단계에서의 도면화 작업을 가장 어렵게 만들고 있다. 주요 상세도는 코아 평·단면 상세도, 계단 평·단면 상세도, 승강기/샤프트 평·단면 상세도, 주차 경사로 평·단면 상세도, 로비 전개도, 승강기 홀 전개 상세도, 화장실 전개 상세도 등을 들 수 있다.

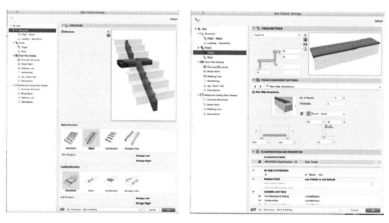

ArchiCAD Library에서 계단상세 지정

많은 실무자가 이 상세도 때문에 BIM 작업 외에도 2D CAD 작업이 필요하다고 한다. 하지만 각 상세도가 왜 있어야 하는지, 어떤 것들이 상세도에 표현되어야 하는지, 또 어떤 것들은 정보로 포함될 수 있는지를 중심으로 고려해보면 놀랍게도 이것들이 BIM 데이터 구축을 통해 상당 부분 표현될 수 있다는 것을 알 수 있다.

구성요소			표현요소	표현요소 상세
3D 객체 요소	계단	구조	계단슬래브 (flight)	형태/재질	- 재질에 따른 구성 상세 - 계단폭 규격, 계단 유효 높이
			계단참	형태/재질	- 재질에 따른 구성 상세 - 계단참 폭 규격
		건축	디딤판(면) (tread)	형태/재질	재질에 따른 구성 상세
				디딤판코	- 라운딩, 직각, 또는 사선, 반원 등에 대한 코처리방식 정의 - 논슬립 설치 여부에 따라 논슬립 형태/재질 표현
				마구리	계단(참)골조와 디딤판 내민쪽 마구리 처리방식
				접합부	디딤판과 챌판/걸레받이/계단난간동자 접합부
				일련번호	각층별 디딤판에 일련번호 표시
			챌판(면) (riser)	형태/재질	재질에 따른 구성 상세
				접합부	디딤판과 챌판 접합부
			걸레받이 (baseboard)	형태/재질	재질에 따른 구성 상세
				접합부	걸레받이와 벽체 접합부
			계단난간 (handrail)	형태/재질	- 재질에 따른 구성 상세 - 난간(경사) 시작시점 및 종점 위치
				난간두겁	계단 난간(손스침) 두겁대 방식
				벽체 손잡이	계단실 벽체 손잡이 구성 상세
				난간동자	난간 동자 형태, 간격, 재질
				접합부	디딤판과 계단난간동자 접합부
			계단참(바닥판) (landing)	형태/재질	재질에 따른 구성 상세
				마구리	계단실 최하층의 하부시점 계단 골조 바닥판 내민 쪽 마구리 처리 방식(디딤판 마구리방식과 바닥판 마구리방식 구분)
			표시부호	보행선	보행선 표시
				오름/내림 text	오름/내림(up/down) 표시
				절단선	절단마크 표시

계단상세도 구성 및 표현요소 분석(진상윤 외, 2019)

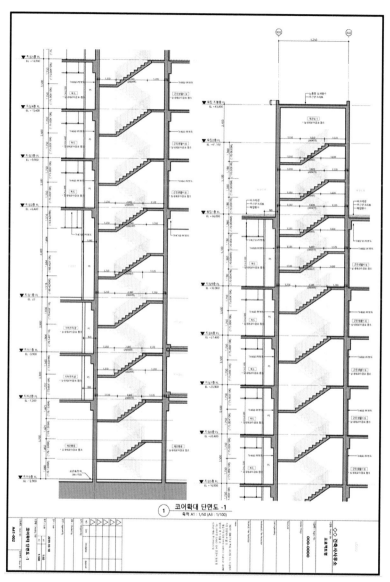

BIM으로부터 추출된 계단상세도(진상윤 외, 2019)

이렇게 구축된 BIM에서는 기존 2D 도면 중심일 때보다 훨씬 더 많은 정보를 가지고 무한대로 도면을 생성할 수 있다. 도면 자체가 하나의 View에 불과하기 때문이다.

따라서 BIM 데이터만으로도 인허가권자들이 제출된 설계안이 법규를 만족하는지, 제도상 필요로 하는 정보가 제대로 포함되었는지를 확인할 수 있는 것이다. BIM에서 생성된 도면을 과거 2D 도면 중심일 때와 동일한 형태일 것을 요구하지 말자. 제도권에서도 이제는 도면을 BIM 데이터로부터 추출된 하나의 View라 생각하고 BIM 데이터 중심으로 봐야 할 때인 것이다.

▌BIM 데이터 공유 생태계

사실 BIM을 잘 활용하는 몇몇 건축사의 경우, BIM 데이터를 외부로 유출하지 않는 건축사들도 있다. 그들의 공유하지 않는 이유는 다양하다. "BIM 데이터를 공유하는 순간부터 이것저것 요구사항이 많아져 일이 더 많아진다.", "데이터를 시공사나 다른 업체와 공유하면 내가 구축한 라이브러리가 외부에 유출될 수 있고, 또 추후 BIM 데이터를 기반으로 나에게 클레임이 올 수 있는 것이 두렵다."라고 이야기하는 경우도 있다.

이런 건축사들의 이유도 나름 논리가 있지만, BIM이 다른 분야나 참여자들과 공유되지 않는다면 BIM의 효과는 건축사에게만 적용될 뿐이다. 발주자가 느끼는 건축서비스의 향상이나 다른 참여자들이 협업을 통한 여러 가지 혜택을 볼 수 없기 때문에 건축사는 어쩔 수 없이 BIM을 공유할 수밖에 없는 상황이 되고 있다.

외국에서도 계약 요구조건이나 여러 가지 규정을 통하여 BIM 데이터 공유로 인한 건축사의 책임을 보호하고 있다. 미국의 EFTA Electronic File Transfer Agreement 표준규정에는 건축사가 제공하는 전자데이터Electronic Data를 근거로 클레임이나 보증을 요구하지 않는다는 조항을 권장하고 있다. 향후 BIM 기술이 성숙화되어 2D 도면이 아닌 BIM이 법적 성과물의 중심이 되는 시대가 될 때까지 이런 조항이 유효할 것이라 판단된다.

또한 중동지역에서 나온 입찰안내서를 분석해보면 하나같이 설계단계에서 건축사가 구축한 BIM은 Design model로, 또 시공단계에서 시공사가 주관이 되어 구축한 BIM은 Construction model로 정의하여 이원화하고, 시공자 선정 시 Design BIM은 참고용이며, 향후 부재 제작이나 시공에 필요한 샵드로잉을 위해서는 시공사 책임으로 Construction BIM을 구축할 것을 요구하고 있다.

이는 발주자 관점에서 설계단계에서 BIM의 완성도를 확신할 수 있는 방법이 명확하지 않기 때문에 BIM으로부터 시공단계에서 발생할 수 있는 리스크를 사전에 차단하기 위한 방법이라 판단된다. 이는 현재 BIM이 협업에 충분히 활용할 만한 수준에 왔음에도 불구하고 법적인 근거로 활용될 만큼의 신뢰도 또는 성숙도가 검증되지 못한 부분도 있기 때문이다.

2D 도면은 표현되지 않은 부분에 대하여 해석에 의존하는 부분이 있는데, BIM에서는 별도의 해석이 없고 거의 100% 다 표현되어야 하기 때문이다. 어쨌든 현재 법적 기준이 되고 있는 2D 도면을 완전히 대체할 수 있는 현실은 아니기 때문에 BIM에 대해 설계 이후 단계에서 분쟁으로 인한 혼란을 피해가기 위함도 있는 것으로 생각된다.

허락받지 않은 복제와 재활용을 불가능하게 하는 것이 기술적으로 가능하고 그런 장치가 개발되고 있다. 또한 저작권과 관련해서는 BIM과 라이브러리 등 구성물에 대한 소유권은 건축사가 가지되, 발주자는 해당 프로젝트에 대해서 사용권을 가지는 것이 바람직하다.

발주자가 과거 프로젝트에 활용된 라이브러리를 타 프로젝트에서 재활용하고자 한다면 음원에 대한 비용을 지불하듯이 라이브러리에 대한 비용지불이 따라야 할 것이다. 그런 의미에서 본다면 BIM 라이브러리 유통 체계에서 더 나아가 BIM과 관련된 모든 콘텐츠와 서비스, 라이브러리 등을 유통할 수 있는 체계가 만들어지는 것도 매우 바람직하다고 판단된다. 잘 만든 BIM 라이브러리로 짭짤한 수익을 낼 수 있는 BIM 생태계 시대가 오고 있는 것이다.

▌BIM과 산업 생태계 변화

BIM 프로세스는 기업이나 프로젝트 차원에서의 변화뿐만 아니라 산업 차원의 프로세스 변화를 야기한다.

구조 분야의 경우 BIM을 통해 구조설계, 물량 산출, 도면 생성, 철골이나 철근 배근 샵드로잉까지 전체 구조 프로세스를 수행할 수 있다. 하지만 실무 프로세스를 보면 건축설계사무소와 구조설계사무소의 계약범위가 구조설계사무소에서는 구조설계를 하지만 구조계산 결과 정보만 제공하고 실제 구조도면은 건축설계사무소가 만드는 것으로 되어 있다.

이러한 프로세스에서 본다면 BIM 설계를 하더라도 구조설계사무소의 계약 범위상 BIM을 사용할 이유가 없으며, 건축설계사무소에서 구조 BIM을 구축해야 한다는 것이다. 구조 BIM 프로세스를 통해 얻을 수 있는 구조 및 거푸집 등 정확한 구조물량 정보 등 부가적인 정보를 얻을 수 없다는 것이다. 그러다 보니 건축 BIM과 구조 BIM을 건축설계사무소가 만든 후에 이를 기반으로 다시 물량을 산출하여 견적을 하는 비효율적인 프로세스가 진행되는 것이다.

이 이유를 업계에서는 설계비와 직접적인 관계가 있다고 한다. 건축설계비가 낮으니 건축설계사무소로부터 용역을 받는 구조설계비용도 낮을 수밖에 없고 그에 맞춘 업무범위를 설정한 것이다.

효과적인 BIM 프로세스에서는 건축사가 만든 초기 BIM 설계를 가지고 구조 BIM 프로세스를 통해 구조 BIM이 완성되고 정확한 물량 정보가 더불어 제공되는 것뿐만 아니라 향후 시공단계에서 구조부재의 샵드로잉까지도 연계될 수 있는 것이다.

▌MEP 분야 혁신적인 변화가 필요할 때

기계, 전기, 소방설비 등 MEP 분야에서도 혁신적인 변화가 필요하다. 국내 BIM 사례들을 보면 건축이나 구조에 비해 MEP 분야에서는 아직도 이중적인 프로세스로 진행되고 있다. 먼저 단선과 기호 중심의 2D 설계도면이 나오고 이것을 기반으로 MEP 분야 BIM을 구축한다.

하지만 기술적으로는 이미 MEP 분야 BIM이 단선과 기호 중심의 2D 설계를 충분히 대체할 수 있으며, 샵드로잉까지도 대체할수 있다. 안 하는 이유는 설계자 관점에서 단선과 기호 중심은 빨리, 쉽고, 편하게 그릴 수 있는데, BIM은 많은 것을 준비하고 체크해야 한다는 것이다. 너무 이기적이거나 BIM을 제대로 알지 못한 것이라고 생각한다.

설계단계 BIM에서 설명했듯이 이미 BIM에서는 단선과 기호를 중심으로 설계하는 것과 동일한 방법으로 하지만 이제는 평면, 단면, 3차원 뷰를 동시에 보면서 부재를 선택하고 루트를 설정하면 자동으로 그려지고 간섭 체크가 동시에 수행되기 때문에 기존과 동등한 방법과 수준으로 하지만 훨씬 더 높은 수준의 설계를 수행할 수 있는 시대가 되었다.

나는 여러 명의 건축 현장소장들로부터 MEP 관련 자재들에 대한 물량 검증의 어려움을 들었다. 현장에서 간섭이 발견되거나 기타 필요한 경우 부재 설치 루트를 우회하거나 여러 가지 상황에 대비하여 물량을 더 확보해야 하는 어려움뿐만 아니라 실제 필요한 물량이 얼마인지 자체도 알기 어렵다는 것이다. 하지만 BIM을 제대로 활용한다면 이러한 문제들을 효과적으로 해결할 수 있음에도 활용되지 않고 있다.

▌ 계약방식이 BIM 도입에 미치는 영향이 크다

국내 대형 건설사에서 수년간 일을 한 Denis Leff는 이를 미국과 우리나라의 계약방식이 다르기 때문이라고 지적하였다. 즉, 우리는 원도급사가 직접 모든 공종에 대한 물량을 산출하고 이를 기반으로 얼마에 공사할 것인지를 전문건설사와 계약하는 반면(물량에 대한 책임이 전문건설사에게 없다), 미국의 경우에는 해당 사업에 대한 설계정보를 제공하고 얼마에 공사할 수 있는가를 바탕으로 전문건설사와 계약하는 것이 차이인 것이다.

미국의 MEP 분야의 전문건설사는 해당 사업의 계약에서 물량과 가격에 대한 책임이 있기 때문에, 자신들이 스스로 BIM을 통해 간섭이나 각종 문제점을 철저히 파악하고 심지어 모듈화를 기반으로 정확한 부재 제작과 공기단축 등을 통해 공사비를 최소화하여 경쟁력을 높이고자 할 수밖에 없는 것이다.

반면 물량에 대한 책임이 없는 국내 전문건설사는 오히려 현장 피팅으로 인한 리스크 물량까지 고려하고 있는 상황이다. 이로 인해 노무비까지 포함한 외주비 인상 효과가 있기 때문에 자발적으로 BIM을 도입하여 정확한 물량을 파악하고자 하는 이유가 없는 것이다. 건축공사의 경우 MEP 분야는 총공사비의 절반 이상 차지할 만큼 그 비중이 크고 이는 계속 증가할 것인데, 아직 제자리에 머물고 있다.

MEP 분야 전문가들 의견에 따르면 이 분야에서 BIM을 제대로 활용할 수 있다면 해당 분야 공사비의 10% 정도는 절감할 수 있다고 한다. 건축이나 구조 분야는 이미 물량에 대한 투명화가 확보된 만큼, BIM의 실질적인 활용 분야가 사업전체로 확대된다면 BIM 도입으로 인한 투자 대비 회수효과도 훨씬 크게 나타날 것으로 기대할 수 있다. 이를 위해서는 계약문화의 변화 또는 진화가 건설산업 차원에서도 필요하다.

▌Win-Win 기반의 새로운 계약방식을 도입하자

최저가낙찰제의 품질저하 등 문제를 해결하기 위해 종합심사낙

찰제가 적용되는 등 업체선정 및 계약방식이 계속 개발되고 진화하고 있다. 나는 그동안의 계약방식은 2D 도면 중심에서 가격의 적정성에 대한 불확실성이 야기한 리스크가 반영된 방식이라 생각한다.

BIM은 발주자와 원도급사뿐만 아니라 이해당사자들이 모두 Win-Win할 수 있는 기반을 제공할 수 있다. 3차원 모델과 관련된 정보를 통해 투명하고 객관적인 프로세스를 지원하고 합리적이고 최적화된 의사결정을 지원할 수 있기 때문이다.

앞서 3장 BIM 사례에서 언급했듯이 국내외 건설산업에서 설계사, 건설사, 전문건설사 등 다양한 조직의 역할과 협업의 중요성이 커지면서 시공책임형 CM, IPD, ECI 등의 융복합형 발주방식의 도입이 추진 또는 고려되고 있다.

이러한 발주방식들은 전문건설사들이 시공 이전단계에 참여하여 시공성을 고려한 도면 최적화, 설계와 시공의 연계 추구, 최적 공기 및 예산 산출 등의 업무를 수행하는 프리콘 서비스 개념을 포함하고 있다. 이때 BIM은 참여자들 간 설계안 공유 및 협업 그리고 정보의 체계적 관리체계를 조성하는 수단이자 프로세스인 것이다.

또한 BIM을 통해 시공단계 이전에 리스크를 해소하고 사업비 절감방안을 통해 이해당사자들이 그 이익을 공유한다는 데 그 기본을 두고 있다. 시공단계에 원도급사에 의해 결정되는 전문건설사가 아니라 설계단계에 전문지식을 가지고 사업의 가치를 높이는 주체가 되어 참여하는 형태로 산업이 진화하고 있는 것이다. 이런 변화에 대한 산업 차원 그리고 법과 제도 차원의 진화도 필요한 때이다.

참고문헌

1. 김경래, 시공책임형 CM 공동부문 도입을 위한 제도적 기반 수립 연구, 아주대학교 산학협력단 연구 최종보고서, 2018년 9월.

2. 김경훈, [특집] 디지털 레이아웃의 건설현장 활용, 설비 / 공조·냉동·위생, 한국설비기술협회, 2020년 2월 호.

3. 김이제·진상윤, BIM의 효율적 활용을 위한 전문협력업체 조기참여 필요성과 적용 방안, 한국 CDE 학회 논문집, 2019 Mar; 24(1):19-29.

4. 박규현·강명래·이병화·진상윤·김성현, [BIM Practices] 진주 LH 신사옥 BIM 적용사례 및 효과 분석, KIBIM Magazine, 한국BIM학회, Vol.4, No.1, 2014년 3월.

5. 박규현·진상윤, 공공공사 BIM 발주지침 문제점 분석을 통한 입찰안내서 개선방안 도출, 대한건축학회 논문집-계획계, 2015 Mar; 31(3): 57-68.

6. 안용한, 신현규, 김수영, 모듈러 공법의 시공 프로세스 기반 시공 오차관리 의사 결정 모델, 한국건설관리학회 논문집, Vol.18, No.6, 2017년 11월.

7. 윤수원·진상윤, RFID와 BIM을 활용한 건설 자재 물류 및 진도관리 시뮬레이터 개발, 한국건설관리학회 논문집, Vol.12, No.5, 2011년 9월.

8. 위드웍스, Tri Bowl_인천도시축전기념관, 디지털건축연구소 Withworks, 2008년 1월, https://www.withworks.kr/

9. 위드웍스, 국내 비정형 건축물 시공불량 사례-1_2014 인천 아시안게임 경기장, 디지털건축연구소 Withworks, 2014년 5월, http://withworks.blogspot.com/2014/05/2014.html

10. 이문규·진상윤, BIM 기반 공동주택 마감 물량 산출 정확도 연구,

한국건설관리학회 논문집, Vol.14, No.1, 2013년 1월.

11. 정용채·진상윤, 건설사업관리자의 BIM 수용에 영향을 미치는 요인 연구, 한국건설관리학회 논문집, 제6권, 제3호, 2015년 5월.

12. 조달청, 시설사업 BIM 적용 기본지침서 v2.0, 2019년 12월.

13. 진상윤, P-M-C-A 기반의 BIM 기업인증제 제안, 건축, 54(01), 대한건축학회, 2010년 1월.

14. 진상윤, BIM은 독일까 약일까?, 건축문화신문, 2015년 3월 호, 대한건축사협회.

15. 진상윤, [BIM Practices] BIM과 2D 도면화의 진실, KBIM Magazine, Vol.6, No.4, 한국BIM학회, 2016년 12월.

16. 진상윤, BIM 연재 01: 아직 BIM 안 하세요?, 월간 건축사, 2017년 1월 호, 대한건축사협회.

17. 진상윤, BIM 연재 02: BIM의 다양성, 월간 건축사, 2017년 2월 호, 대한건축사협회.

18. 진상윤, BIM 연재 03: 당신의 BIM이 어디에 활용될지 먼저 생각하세요, 월간 건축사, 2017년 3월 호, 대한건축사협회.

19. 진상윤, BIM 연재 04: BIM과 2D 도면화, 월간건축, 2017년 4월 호, 대한건축사협회.

20. 진상윤, BIM 연재 05: 제4차 산업혁명과 BIM, 월간건축, 2017년 5월 호, 대한건축사협회.

21. 진상윤, [논단] Smart Construction 비전 달성 전략, 콘크리트학회지, Vol.31, No.2, 한국콘크리트학회, 2019년 3월.

22. 진상윤·김길채·최종천, 전략적 BIM 활용을 위한 비전 '열린 BIM 생태계', 한국BIM학회 정기학술발표대회 논문집, Vol.2, No.1, 2012년 5월.

23. 진상윤·김이제, [특집] 설계 BIM과 시공 BIM, 건축, Vol.63, No.06, 대한건축학회, 2019년 6월.

24. 차유나·김성아·진상윤, BIM 기반의 공간객체를 이용한 물량 산출 정확성 분석, 한국BIM학회 논문집, Vol.4, No.4, 2014년 12월.

25. 코오롱글로벌, 코오롱 One & Only 타워 건축이야기, 코오롱글로벌㈜, 2018년.

26. 한국건설관리학회, 건설관리학 총서 2 설계 / 정보 관리 & 가치공학 및 LCC, 씨아이알, 2019년 2월.

27. Ai et al., Value Analysis of Lean IPD and TVD, PDC Summit 2015, https://www.slideshare.net/CADREResearch/lean-ipd-pdc2015?from_action =save

28. AIA National | AIA California Council, Integrated Project Delivery: A Guide version 1, The American Institute of Architects, 2007.

29. Autodesk, Daylight Analysis in BIM, Autodesk Knowledge Network, Apr. 29, 2018, https://knowledge.autodesk.com/support/revit-products/getting-started/ caas/simplecontent/content/daylight-analysis-bim.html

30. Baan, I., National Museum of Qatar NMoQ-Jean Nouvel, 2018, https://iwan.com/portfolio/national-museum-of-qatar-nmoq-jean-nouvel/

31. BCA, Integrated Digital Delivery(IDD), Building and Construction Authority, Mar. 15, 2020, https://www1.bca.gov.sg/buildsg/digitalisation/integrated-digital-delivery-idd

32. BIM전문부회, 시공 BIM스타일 사례집 2018, 일반사단법인 일본건설 업연합회, 2018년 7월, http://www.nikkenren.com/kenchiku/bim

33. Bernstein, H. M. et al., The Business Value of BIM for Construction in Major Global Markets: How Contractors Around the World Are Driving

Innovation With Building Information Modeling, SmartMartket Report, McGraw Hill Construction, 2014.

34. BIM Forum, LEVEL OF DEVELOPMENT SPECIFICATION PART I, BIMForum, Nov. 2017. www.bimforum.org/lod

35. Chin S, and Choi, C., BIM Issues & Value Analysis on the New HQ Construction Project of Korea LH, BIM Forum 2015, AGC & AIA, Orlando, Florida US.

36. Chin S, Yoon S, Choi C, and Cho C. RFID + 4D CAD for progress management of structural steel works in high-rise buildings. Journal of computing in civil engineering. 2008 Mar; 22(2):74-89.

37. Churcher, D., Davidson, S., Kemp, A., Information management according to BS EN ISO 19650 Guidance Part 1: Concepts, 2nd Ed., UKBIM Alliance Jul. 2019.

38. Corney, A., A Detailed Methodology for Cloud-Based Daylight Analysis, SketchUp Blog, Nov. 28, 2018, https://blog.sketchup.com/article/detailed-methodology-cloud-based-daylight-analysis

39. Davis, J., Edgar, T., Porter, J., Bernaden, J. and Sarli, M., 2012. Smart manufacturing, manufacturing intelligence and demand-dynamic performance. Computers & Chemical Engineering, 47, pp.145-156.

40. East, W., Construction-Operations Building Information Exchange(COBie), Whole Building Design Guide, Oct. 16, 2016, https://www.wbdg.org/resources/construction-operations-building-information-exchange-cobie

41. East, W., Common Building Information Model Files and Tools, Mar. 15, 2020, https://www.nibs.org/page/bsa_commonbimfiles

42. Eastman, C. et al., BIM Handbook, John Wiley & Sons, Inc., 2008.

43. Eastman, C., Techolz, P., Sacks, R., and Liston, K., BIM Handbook: a guide to building information modeling for owners, managers, designers, engineers and contractors, 2nd Ed., John Wiley & Sons, 2011.

44. FFKR, Utilizing Virtual Reality to Enhance the Architectural Design Process, FFKR Architects, Mar. 15, 2020, https://www.ffkr.com/virtual-reality-in-the-design-process/

45. Gartner, Understanding Gartner's Hype Cycles, Gartner Research, Aug. 20, 2018, https://www.gartner.com/en/documents/3887767

46. Gartner, Gartner Says 5.8 Billion Enterprise and Automotive IoT Endpoints Will Be in Use in 2020, Gartner Newsroom Press Releases, Egham, UK, Aug. 29, 2019, https://www.gartner.com/en/newsroom/press-releases/2019-08-29-gartner-says-5-8-billion-enterprise-and-automotive-io

47. GE, The Digital Twin: Compressing time-to-value for digital industrial companies, General Electric, 2018, https://www.ge.com/digital/

48. Gilbane, VDC Brochure, Gilbane Building Company, https://www.gilbaneco.com/assets/VDC_Brochure.pdf, Nov. 19, 2018.

49. GSA, BIM Guides, U.S. General Services Administration, Mar. 15, 2020, https://www.gsa.gov/real-estate/design-construction/3d4d-building-information-modeling/bim-guides

50. IBM, Making Change Work: Continuing the enterprise of the future conversation, IBM Corporation 2008, https://www.ibm.com/thought-leadership/institute-business-value/report/making-change-work

51. Jernigan, F., Big BIM little bim: the practical approach to building information modeling: integrated practice done the right way!, 2nd Ed. 4Site Press, 2007.

52. Jones, S., IPD, Integrated Project Delivery, McGraw-Hill Construction, 2010.

53. Kajima, Kajima Smart Future Vision, Kajima Corp., Dec. 17, 2018, https://www.kajima.co.jp/english/tech/smart_future_vision/index.html

54. Kim, S., Chin, S., Han, J., and Choi, C. H. (2017). Measurement of Construction BIM Value Based on a Case Study of a Large-Scale Building Project. Journal of Management in Engineering, 33(6), p.05017005.

55. Kim, S., Chin, S. and Kwon, S., 2019. A discrepancy analysis of BIM-based quantity take-off for building interior components. Journal of Management in Engineering, 35(3), p.05019001.

56. Kim, S., Park, C. H., & Chin, S. (2016). Assessment of BIM acceptance degree of Korean AEC participants. KSCE Journal of Civil Engineering, 20(4), 1163-1177.

57. Koskela, L., Howell, G., Ballard, G. & Tommelein, I. (2002), Foundations of Lean Construction. In Best, Rick; de Valence, Gerard(eds.). Design and Construction: Building in Value. Oxford, UK: Butterworth-Heinemann, Elsevier. ISBN 0750651490.

58. Kymmell, W., Building Information Modeling: planning and managing construction projects with 4D CAD and simulations, The McGraw-Hill Companies, Inc., 2008.

59. LCI, The Mindset of an Effective Big Room, Lean Construction Institute, http://leanconstruction.org/media/learning_laboratory/Big_Room/Big_Room. pdf

60. Leavitt, H.J., 1964. Applied organization change in industry: Structural, technical and human approaches.

61. LMNts, Free Space Planning Massing from Excel Add-in for Revit, Feb.

2014, http://revitaddons.blogspot.com/2014/02/free-space-planning-massing-from-excel.html

62. Marr, B., 7 Amazing Examples of Digital Twin Technology In Practice, Forbes, Apr. 2019, https://www.forbes.com/sites/bernardmarr/2019/04/23/7-amazing-examples-of-digital-twin-technology-in-practice/#121b4a16443b

63. NBS, BIM(Building Information Modelling), Mar. 15, 2020, https://www.thenbs.com/knowledge/bim-building-information-modelling

64. Newman, D., Innovation Vs. Transformation: The Difference In a Digital World, Feb. 16, 2017, Forbes, https://www.forbes.com/sites/danielnewman/2017/02/16/innovation-vs-transformation-the-difference-in-a-digital-world/#5040f34e65e8

65. NIBS, National BIM Guide for Owners, Mar. 15, 2020, https://www.nibs.org/page/nbgo

66. OSCC, Glossary Of Off-Site Construction Terms, Off-Site Construction Council, National Institute of Building Sciences, Mar. 16, 2020, https://www.nibs.org/page/oscc_resources

67. Penn, C.S., Transforming People, Process, and Technology, Part 1. Awakening, Business, Marketing, Strategy. Jan. 2018, https://www.christopherspenn.com/2018/01/transforming-people-process-and-technology-part-1/

68. Qatar Museums, National Museum of Qatar, Jun. 4, 2014, https://www.youtube.com/watch?v=Xxz33itieBs

69. QNM, Architecture Design Report, Qatar National Museum, Dec. 2010.

70. QNM, BIM Manual, Qatar National Museum, Feb. 2011.

71. QNM, Revisions to Tender Documents, Qatar National Museum, Mar. 10, 2011.

72. Quirk, V., Disrupting Reality: How VR Is Changing Architecture's Present

and Future, Jun. 1, 2017, Metropolis, https://www.metropolismag.com/architecture/disrupting-reality-how-vr-is-changing-architecture-present-future/

73. Saddik, A. E. Digital Twins: The Convergence of Multimedia Technologies. IEEE MultiMedia. 25 (2): 87–92. doi:10.1109/MMUL.2018.023121167. ISSN 1070-986X. Apr. 2018.

74. SRI International, Augmented Reality Solutions for Construction Inspection, YouTube, Oct. 23, 2017, https://www.youtube.com/watch?v=8lY4qaVvR8c

75. Sterner, C., How Moseley Architects Uses Analysis to Leverage Design Creativity, SketchUp Blog, Aug. 7, 2018, https://blog.sketchup.com/article/how-moseley-architects-uses-analysis-leverage-design-creativity

76. Sutter Health, Sutter Medical Center Castro Valley, IPD Process Innovation with Building Information Modeling, Dec. 5, 2018, https://network.aia.org/technologyinarchitecturalpractice/viewdocument/ipd-process-innovation-with-bim-sutter-medical-center-castro-valley

77. Turner, New York City Department of Buildings Approves First Three Dimensional BIM Site Safety Plans, Turner Construction Company, May. 30, 2012, http://www.turnerconstruction.com/news/item/2dc5/New-York-City-Department-of-Buildings-Approves-First-Three-Dimensional-BIM-Site-Safety-Plans

78. UBF, UK BIM Framework, Mar. 15, 2020, https://ukbimframework.org/

79. VA, The VA BIM Guide v1.0, Department of Veterans Affairs, Apr. 2010, https://www.cfm.va.gov/til/bim/BIMguide/lifecycle.htm

80. Wassell, P., Digital Twin City: Virtual Singapore, Augmate, Jan. 2019, https://augmate.io/digital-twin-city-virtual-singapore/

81. Yori, R. (2011) SOM BIM 3.0: an evolution from too to process, 1st Internation Symposium of KIBIM, 한국BIM학회, 2011년 11월 18일.

찾아보기

ㄱ

가상현실   279
가설 및 시공계획   68
가치 분석   129, 227, 228, 229
간섭 체크   46, 47, 48, 62, 63, 80, 121, 186, 211, 245, 247, 248, 296
객체지향 방법   23
건설사업관리자   62, 119, 124, 139, 178, 215, 217, 233
건설산업기본법   145
계약방식   139, 147, 297, 298
계양 경기장   118, 120
곡률   107, 119
곡면 패널   107, 110, 113
공간 모델(Space Model)   34, 244
공급사슬망   131, 133, 135, 137, 153
공정관리   50, 51, 143, 212
구조 BIM   40, 186, 295
국토교통부   8
기성관리   54, 56, 242

ㄷ

달대(Hanger)   71
덕트(Duct)   22, 42, 71, 181, 255
도급내역   56, 119

도면 생성   37, 92, 96, 103, 295
독립 모델   58
돔(Dome)   110
동대문디자인플라자(DDP)   105, 112, 113
드론(Drone)   156
디지털 레이아웃(Digital Layout) 70
디지털 트윈(Digital Twin)   76, 164, 206
디지털 패브리케이션 (Digital Fabrication)   106
딥러닝(Deep Learning)   161

ㄹ

라이브러리(Library)   17, 42, 68, 92, 96, 294
레이아웃(Layout)   70
레이저스캐너(Laser Scanner)   62, 74, 106, 126, 172, 255
로보틱스(Robotics)   154
롱리드 아이템(Long-lead item)   133
린건설(Lean Construction)   64, 148
린제조업(Lean Manufacturing)   148

ㅁ

매스설계(Mass Design)   38

머신러닝(Machine Learning)   161

모듈러(Modular)   131, 132

ㅂ

발주방식   145, 146, 147, 269, 299

발주지침   31, 75, 177, 188, 199, 201,
207, 234, 246, 276

복합 모델   58

복합공종   65, 129, 228

비이콘(Beacon)   137

비즈니스 패러다임(Business Paradigm)
138

비형상적 정보   23, 206

빅데이터(Big Data)   154, 161

ㅅ

사막장미 결정체(Desert Rose Crystal)
114

사물인터넷(Internet of Things)   74,
163

사진측량법(Photogrammetry)   156

4차 산업혁명(Industry 4.0)   10, 28,
74, 75, 126, 153, 155, 164

생태계   292, 294, 295

서울도시주택공사   179

설계 BIM   33, 40, 61, 148, 234, 247,
255, 267

설계 조정   46, 82, 143, 186, 245

설계관리   49, 62, 143, 179, 217, 236,

241, 252

쉘(Shell)   110

스마트 건설(Smart Construction) 154

스마트 제조(Smart Manufacturing) 153

시공 BIM   61, 64, 126, 148, 234,
247, 254, 267

시공성 검토   49, 147, 217, 228, 255

시공오차 확인   71, 106

시공책임형 CM   7, 138, 144, 299

시설사업 BIM 적용 기본지침서
179, 190, 191

실무자 중심의 BIM 271, 272, 276

3D Coordination   46

3D 프린팅   154

3Ds Max   13

ㅇ

아르콘(Arkon) 어린이 병원   141

안전관리   52, 68, 130, 166, 172, 248

역할별 책임   216

영국   8, 76, 190

오픈조인트(Open Joint)   113

용역 중심의 BIM   271

원격관리   172, 200

위드웍스   109, 110, 119, 120, 121

이중 곡면   107

인허가   101, 103, 277, 280, 288

일조 분석   38, 39, 193, 216

ㅈ

전환설계   20, 94, 95, 219, 270

정합성   62, 95, 180, 219, 220, 235, 244, 245, 251, 254, 256, 271

조달청   7, 179, 180, 182, 190, 203, 208, 288

준공 BIM   75, 76, 166, 235, 245, 251, 256

증강현실   126, 157, 159

지식데이터베이스(Knowledge Base)   250

ㅊ

친환경 분석   37

ㅋ

카타르 국립박물관(Qatar National Museum)   114, 115, 116

커미셔닝(Commissioning)   77

커팅 플랜(Cutting Plan)   41

코오롱 One & Only Tower   105

클라우드 서비스(Cloud Service)   44

ㅌ

통합 BIM   47

트라이 보울(Tri-Bowl)   110

ㅍ

5D BIM   52

패널 최적화   105, 107, 113, 114, 115, 116, 248

패러메트릭 모델링 (Parametric Modeling)   23

품질관리   172, 173, 179, 180, 221

4D BIM   35, 49, 62, 68, 143, 194, 202, 284

프리캐스트 콘크리트 (Precast Concrete)   116

프리패브화   71, 131, 132, 272

피팅(Fitting)   27, 71, 119, 126, 272, 298

ㅎ

하지구조(Substructure)   111

한국토지주택공사   7, 18, 179

A

AGC(The Association of General Contractors)   203

AI(Artificial Intelligence)   153

AIA(The American Institute of Architects)   203

Allplan   40

AR(Augmented Reality)   154, 159

ArchiCAD   20, 40, 45, 254, 289

As-Built BIM   256

Asset Management   74

Authoring   33

Autodesk   13, 44, 80

B

BCA(Building Construction Authority) 123, 168

Begin with the end in mind   184, 285

BEMS(Building Energy Management System)   36, 74

Bentley Systems   80

BEP(BIM Execution Plan)   189

Bexel Manager   50, 53

Big Room   64, 143, 241

BIL(Building Information Level)   199, 203, 208

BIM Forum   203, 205, 206, 207

BIM Guide   10, 191

BIM Level   9

BIM Room   64, 65, 66, 127, 129, 279

BIM Uses   32

BIM 가치(Value)   228

BIM 객체(Object)   13, 17, 18, 24, 25, 50, 51, 172, 180, 181, 182, 196, 199

BIM 견적(Estimation)   56

BIM 관리자(Manager/Coordinator) 215

BIM 기반 물량 산출   56, 57

BIM 데이터 작성   179, 196, 197, 269

BIM 도면화   98, 99, 288

BIM 모델러(Modeler)   215, 236

BIM 분석자(Analyst)   215, 217, 236

BIM 수행계획서(BIM Execution Plan) 77, 188, 189, 190, 192, 221, 234, 251

BIM 시공도   66, 67, 247

BIM 연계성   243

BIM 연동률   56

BIM 이슈(Issue)   201, 223, 225, 237, 250, 276

BIM 인식도   260

BIM 조직   184

BIM-ish   219

BIM360   44

BIMCloud   44, 46

bimobject.com   18

BIMSync   84

BSP(BIM Service Provider)   218

C

CAD(Computer Aided Design)   11

CADEWA   43

Change Order   124, 125

CIC(Computer Integrated Construction) 6, 184

CIFE(Center for Integrated Facility
　Engineering)　123
Clash Detection　46
Cloud Computing　154
CM at Risk　147
CM 서비스　236, 237, 238, 240, 243
CMr(Construction Manager)　233
CNC(Computer Numerical Control) 41
COBie(Construction Operations
　Building Information Exchange)　76,
　77, 248
Collaboration　44
Concurrent Work　45
Construction BIM　293
Coordinator　215
Courtyard　39
Critical Path　134
Curvilinear　105

D

Dassault Systems　80
DDP(Dongdaemun Design Plaza) 112
Design BIM　293
Design Coordination　46
Diamond 모델　274
Digital Asset Delivery and Management
　170
Digital Construction　170
Digital Design　170

Digital Fabrication　118, 119, 120,
　121, 170, 248
Digital Mock-Up 121, 206, 212, 226
Digital Twin　155, 170
Digitial Transformation　169

E

ECI(Early Contractor Involvement)
　138, 144
EFTA(Electronic File Transfer
　Agreement)　293
ENR(Engineering News Record)　10,
　137

F

Federated BIM　47
FIATECH　10, 137
FM(Facility Management)　82
FMS(Facility Management System) 73
Frank Ghery　106
FRC(Fiber Reinforced Concrete)　116
Freeform　105

G

Gartner　164
Gilbane Building Company　124
GMP(Guaranteed Maximum Price)
　145

GPS 160

Graphisoft 44

GSA(General Services Administration) 191

K

Kajima 171

KBIM 18

H

HOK(Hellmuth, Obata + Kassabaum) 89

Hololens 160

Hype Cycle 6

L

LEED(Leadership in Energy and Environmental Design) 39

LOD Specification 203, 207

LOD(Level of Detail) 203

LOD(Level of Development) 203

LOI(Level of Information) 203

Long-lead item 10

LPS(Last Planner System) 143, 148

I

IDD(Integrated Digital Delivery) 10, 168

IFC(Industry Foundation Classes) 81, 82

Image Recognition 137

IFC Viewer 83, 84, 85

Interference Checking 46

IoT(Internet of Things) 153, 163

IPD(Integrated Project Delivery) 138, 139

M

MacLeamy 89, 90

MEP(Mechanical, Electrical, and Plumbing) 42, 43, 63, 71, 128, 133, 186, 194, 211, 216, 247, 249, 255, 296, 297, 298

MICE(Meetings, Incentives, Conferences, and Exhibition) 75

Microsoft 50

Model Checker 34

Morphosis Architects 116, 117

Moseley Architect 39

Multiple Party Agreement 140

MVD(Model View Definition) 82

J

Jean Nouvel 114

JIT(Just-In-Time) 134

N

NASA(The National Aeronautics and
   Space Administration)   165
Navisworks   47, 254
NBIMS(National BIM Standard)   10
NBS(National Building Specification)   8, 9
Nemetschek Group   80
NIBS(National Institute of Building
   Sciences)   131

O

O&M(Operation & Maintenance)   167
Object   8, 23, 210
Off-Site Construction   10, 134
Off-Site Construction Council   131
Open BIM Standard   81
Operation & Maintenance   167
OSC(Off-Site Construction) 131, 287

P

P-D-C-A(Plan-Do-Check-Action) 221, 223
P-M-C-A(Plan-Model-Check-Action)
   221
Panelization   107, 114, 121
Parameter   24
PC(Precast Concrete)   134
Penn State University   184, 191

People   273, 274, 279, 280, 281
Perkins + Wills   93
Photogrammetry   155
Plan   221, 222
PMIS(Project Management Information
   System)   9, 134, 135
Point Clouds   155
PPT 프레임워크(People, Process, and
   Technology Framework)   273, 274
Preconstruction Service   138, 145
Prefabrication   4, 28, 126
Preprocessing   40
Primavera   50
Process   273, 274, 279, 280
Pull-Based Proces   149
Pure BIM   220
Push-Based Process   186

Q

QNM(Qatar National Museum)   116
QR 코드(Quick Response Code)   11, 137

R

Recipe   53, 54
Repository   84, 85
Revit   40, 254
RFI(Request For Information)   124, 125

RFID(Radio Frequency IDentification)
10, 11, 134, 135, 136, 137
Rhino 100, 266
Rhinoceros 13
ROI(Return on Investment) 271, 272
RTS(Robotic Total System) 70, 71,
133
Rule Set 34

S

Share Rewards or Risk 140
Shop Drawing 22
Singapore 168, 191
SketchUp 13, 100, 266
Smart Construction 134
Smart Future 171
Solibri 200, 254
Solid Model 14
SOM(Skidmore, Owings & Merrill) 91
Stephen R Covey 185
Supply Chain Management 133
Surface Model 14
Sutter Health Medical Center 142
Synchro Pro 50

T

Target Cost 140
Target Value Design 141, 142
Tekla 40

Total Station 70
Trimble 80
Turner 130
Twisted Tube 111

U

UAV(Unmanned Aerial Vehicle) 156
US 10, 191

V

VA(Department of Veterans Affairs) 10
VDC(Virtual Design and Construction)
10, 123, 124, 125, 168, 170, 174
VE(Value Engineering) 217, 238
Vico Office 53, 254
Virtual Mock-Up 105
VR(Virtual Reality) 20, 154, 155, 157,
158, 279
VSM(Value Stream Mapping) 241

W

Walt Disney Concert Hall 105
Wearable Technology 154
Win-Win 298, 299
Wireframe Model 14

Z

Zaha Hadid 112

스토리텔링 BIM

초 판 발 행 2020년 5월 25일
초 판 2쇄 2020년 6월 16일
초 판 3쇄 2021년 1월 25일

저　　　자 진상윤
펴　낸　이 김성배
펴　낸　곳 도서출판 씨아이알

편　집　장 박영지
책 임 편 집 김동희
디　자　인 백정수, 윤미경
제 작 책 임 김문갑

등 록 번 호 제2-3285호
등　록　일 2001년 3월 19일
주　　　소 (04626) 서울특별시 중구 필동로8길 43(예장동 1-151)
전 화 번 호 02-2275-8603(대표)
팩 스 번 호 02-2265-9394
홈 페 이 지 www.circom.co.kr

I S B N 979-11-5610-843-6 93540
정　　　가 22,000원